中国社会科学院创新工程学术出版资助项目

居安思危·世界社会主义小丛书

社会主义与生态文明

张　剑◎著

社会科学文献出版社

SOCIAL SCIENCES ACADEMIC PRESS (CHINA)

居安思危·世界社会主义小丛书
编　委　会

"居安思危·世界社会主义小丛书"总序（修订稿）

中国社会科学院原副院长

世界社会主义研究中心主任、研究员

李慎明

"居安思危·世界社会主义小丛书"既是中国社会科学院世界社会主义研究中心奉献给广大读者的一套普及科学社会主义常识的理论读物，又是我们集中院内外相关专家学者长期研究、精心写作的严肃的理论著作。

为适应快节奏的现代生活，每册书的字数一般限定在4万字左右。这有助于读者在工作之余或旅行途中一次看完。从 2012 年 7 月开始的三五年内,这套小丛书争取能推出 100 册左右。

这是一套"小"丛书,但涉及的却是重大的理论、重大的题材和重大的问题。主要介绍科学社会主义基本理论及重要观点的创新,国际共产主义运动中重大历史事件和重要领袖人物(其中包括反面角色),各主要国家共产党当今理论实践及发展趋势等,兼以回答人们心头常常涌现的相关疑难问题。并以反映国外当今社会主义理论与实践为主,兼及我国的革命、建设和改革开放事业。

从一定意义上讲,理论普及读物更难撰写。围绕科学社会主义特别是世界社会主义一系列重大理论和现实问题,在极有限的篇幅内把立论、论据和论证过程等用通俗、清新、生动的语言把事物本质与规律讲清楚,做到吸引人、说服人,实非易事。这对专业的理论工作者无疑是挑战。我们愿意为此作出努力。

以美国为首的西方世界的国际金融危机,本质上是经济、制度和价值观的危机,是推迟多年推迟多次不得不爆发的危机,这场危机远未见底且在深化,绝不是三五年就能轻易走出去的。凭栏静听潇潇雨，世界人民有所思。这场危机推动着世界各国、各界特别是发达国家和广大发展中国家的普通民众开始进一步深入思考。可以说，又一轮人类思想大解放的春风已经起于青蘋之末。然而，春天到来往往还会有"倒春寒"；在特定的条件下，人类社会也有可能还会遇到新的更大的灾难，世界社会主义还有可能步入新的更大的低谷。但我们坚信，大江日夜逝，毕竟东流去，世界社会主义在本世纪中叶前后，极有可能又是一个无比灿烂的春天。我们这套小丛书，愿做这一春天的报春鸟。党的十八大后，在以习近平同志为总书记的党中央正确而又坚强的领导下，我们更加充满了信心。

现在，各出版发行企业都在市场经济中弄潮，出版社不赚钱决不能生存。但我希望我们这套小丛书每册定价不要太高，比如说每本 10 元是否可行？相关方面在获取应得的适当利润后，让普通民众买得起、读得起才好。买的人多了，薄利多销，利润也就多了。这是常识，但有时常识也需要常唠叨。

敬希各界对这套丛书进行批评指导，同时也真诚期待有关专家学者和从事实际工作的各级领导及各方面的人士为我们积极撰稿、投稿。我们选取稿件的标准，就是符合本丛书要求的题材、质量、风格及字数。

2013 年 3 月 18 日

目录 | CONTENTS

引言　生态文明研究的社会主义视角

在当代,生态环境问题作为一个全球性的问题日益引起了人们的关注。自从党的十七大报告正式提出生态文明的科学概念以来,生态文明作为一个研究课题也成为学术界研究的热点之一。与许多研究者从一种中性的、非意识形态化的立场出发研究生态文明不同,我们主张从科学社会主义的视角,运用阶级分析的方法来研究生态文明,力求阐明社会主义与生态文明的内在一致性。

有人认为,生态文明很难分清是社会主义的或资本主义的,或者认为,这种区分毫无意义。就目前来看,发达资本主义国家的生态环境在许多方面优于诸如中国这样发展中的社会主义大国,因此,在实践上不只不能证实社会主义制度的优越性,反而使社会主义在资本主义生态环境面前自惭形秽。如何看待这一质疑呢? 从马克思主义的观点来看,资本的本性是在不断否定自身中再生产自身,它在经济社会领域的无限扩张表现为消费主义,在自然界的无限扩张就表现为生态殖民主义。生态殖民主义也许在每一个具体的国家、地区，每一个具体的历史阶段会呈现出不同的特点，但本质不会改变。在很大程度上，发达资本主义国家生态危机有所缓解的背后是第三世界更大规模、更深程度的生态破坏与环境污染，是其民众为此付出的包括健康权、生命权在内的生存权利代价，所以环境正义、经济正义在全球化的进程中都上升为一个具有原则高度的政治正义问题，这使得资本主义制度内在的不公正、反平等，在环境问题上凸显出来。我国发展的是社会主义市场经济，说到底就是以社会主义的本质对资本本性进行利用和制约，以市场经济的发展来服务于社会主义制度，我们必须明确界定中国生态文明建设的社会主义性质，证实社会主义制度为生态文明的实现提供了现实保障和基本前提。中国特色社会主义理论认为，社会主义的本质特征是解放与发展生产力，消灭剥削与两极分化，最终达到共同富裕。与资本主义制度相比，社会主义制度的优越性不仅体现在生产力的发展上，更加体现在公平公正、共同富裕、道德文化、可持续发展、人的全面发展和社会和谐等方面。从这个角度讲，社会主义与生态文明具有内在的一致性,因此它们能够互为基础、共同发展。

生态社会主义以当代的生态问题为切入点,较好地实现了马克思主义基本理论对此问题的融合和吸纳,同时超越了生态中心主义的浪漫性,对全球的生态建设实践具有较强的影响力。生态社会主义在批判资本主义方面有三大论题具有广泛的影响,即资本主义生产方式的反生态性批判、消费社会的反生态性批判,以及由资本本性引发的全世界范围的生态殖民主义批判。而且,它不仅是当代的资本主义批判理论中值得重视的一个思潮,同时也在现实的反抗资本主义运动中发挥着积极作用,是世界社会主义运动中的一支重要的同盟军。生态社会主义的理论和实践为我国的生态文明建设提供了有益的借鉴。

因此,一方面,我们以马克思主义经典理论为理论基础,在生态殖民主义和消费主义两大方面对资本主义所导致的生态环境破坏展开批判;另一方面,借鉴生态社会主义理论与实践的积极因素,传承中国传统文化中的生态智慧,总结中国在生态文明建设中理论和实践上的经验教训,在十七大提出的生态文明理论的基础上,力求对中国的社会主义生态文明建设进行分析和展望,以此坚定人民群众对于中国走社会主义道路的信心,这就是我们这本书的基本愿望。

一 生态殖民主义:资本主义对于地域空间的侵蚀

众所周知,资本主义的基本矛盾是生产社会化与资本主义生产资料私有制之间的矛盾,这一矛盾在当代生态问题上的表现有两个方面,一方面,生产资料的私有制决定了资本家会不惜一切代价去增殖剩余价值,一句话,资本无限度地追逐利润就是资本主义的刚性法则。然而,自然资源的承载力是有限度的,这样一来,资本主义扩张的无限趋势就与自然环境的有限性形成了尖锐的矛盾,而且在当代,这一矛盾愈来愈强烈地以生态危机的形式在全球范围内凸现出来。另一方面,当社会生产力发展到一定阶段,生产社会化程度越来越高,人们对公共产品的需要越来越强,而自然环境就是最典型意义上的公共产品,从资本法则的角度来看,对于人类所宜居的自然环境的维持和改善是高投入、无产出的亏本"生意",生态改良的成果不仅在时间上需要很长的周期才会显示出来,而且它也是由全体人民所共享的,这与资本那种短期见效益、利润私有的要求是完全相抵触的。由此,资本主义主导下的全球化愈来愈呈现出生态危机全球蔓延的趋势,诸如气候危机、生物多样性减少、环境污染等生态问题突破了国界,危及了整个人类的生存。我们正是在这个背景下来探讨生态殖民主义的。有人会问,殖民主义和生态问题有什么关联呢?本质上,资本无限追逐利润的本性决定了它在地域空间上的无限扩张,这也是殖民主义的来源,在当代,这种殖民主义在生态环境问题上凸现出来,值得我们重视。

(一)生态殖民主义的表现

当代世界,生态环境问题作为经济全球化过程的消极后果之一正日益凸现出来。空气污染、水体污染、土壤污染等环境污染问题广泛存在,臭氧层破坏、森林资源破坏、全球气候变暖、自然灾害与突发疫病频发,以及淡水资源匮乏、土质退化与荒漠化、生物多样性锐减等,日益成为全球共同关注的问题。人们通过比较发现,世界各国经济发展程度与生态环境的优劣之间存在一种复杂的关联。一方面,经济十分发达的国家生态环境较好,比如北美、西欧、北欧等国的生态环境明显好于中国等发展中国家;而另一方面,经济十分落后,即工业化和城镇化尚未大规模展开的国家和地区的局部生态环境问题也不太突出，比如我国西部的一些少数民族聚居地，大多仍然沿袭古老传统的生产生活方式，未受到或者较少受到市场经济大潮的影响，其生态环境往往优于工业化、城市化程度较高的地区。其他的发展中国家，有些也存在类似的情况。这两种现象绝非历来如此、一成不变的状况，而是处于一个动态的发展过程之中。就工业化的发展程度而言，其发展趋势是发达国家经济社会愈发展，生态环境愈好，而更多的发展中国家，特别是工业化和城镇化正在开始、资源开发正在紧锣密鼓地展开的地区，其经济社会愈是滞后发展，其生态环境问题愈是突出。由于在经济全球化的进程中，其发展趋势是在资本主义经济全球化过程中，不允许存在任何世外桃源，因此，所有落后国家和偏远、未开发地区都会或早或晚地被卷入整个经济全球化的体系之中，越晚加入的落后地区越处于整个世界经济分工体系链条的最末端。发达国家在世界经济体系中占据了优越的、主动的地位，它们的经济行为使发展中国家，尤其是使落后国家加强了经济与生态环境之间的关联，而且使这种关联愈来愈僵硬、突出，所以要打破它就愈益困难。这种关联在现象描述上可以归结为这样五个层面：

其一是发达国家将后发展国家作为能源与资源供给国，以很低的价格购买后者未加工或粗加工的能源资源产品。这不仅加速了后者不可再生资源耗竭的速度、加剧了后者国内生态环境的破坏程度，而且使后者形成单一、畸形的工业部门，影响牵制了整个国民经济体系的建立和完善，并愈来愈依附于这种片面的经济增长模式，形成不断加剧的恶性循环。其二是发达国家将后发展国家长期作为原料生产和供应地，致使许多落后国家和地区长期单一种植一种或几种作物，对这些落后国家和地区来说，不仅农产品出口获利不大，而且长期如此还会不断降低本国土地的肥力和破坏生物多样性，从而导致一系列的生态环境问题。其三是发达国家将后发展国家作为产品倾销地，以低价从后发展国家获取资源、能源和初级产品，经过本国及其跨国公司的高技术垄断、技术加工和品牌包装以后，再以高价将制成品销往后发展国家。这是发达资本主义国家获取超额利润的通用手段，也是后发展国家尤其是落后国家持续不发展、处于世界经济体系低端的重要经济原因。与此同时，落后国家的资源和能源被廉价地掠夺,也加剧了这些国家资源的枯竭和环境问题恶化。其四是发达国家向后发展国家地区转移夕阳产业、生产生活废物以及有毒有害污染物,如果说前三个层面在经济关系、贸易关系这层貌似公正的面纱的掩盖下还不是显露得那么清晰的话,那这个层面就是发达国家对后发展国家明火执仗的经济剥削与环境破坏了。其五是发达国家对后发展国家在生物物种资源(包括基因资源)上的掠夺,比如落后国家一些珍稀的动植物资源被发达国家所掠夺和垄断,如此等等。

学界有人将这些现象称为"环境殖民主义",但笔者认为"生态殖民主义"的说法更具可取性。原因如下:

我们先从"生态"与"环境"二者的含义上来作比较。环境可以分为自然环境与人文环境。在词源学的意义上,生态指的是人与周围环境的关系,相比而言,生态的概念比环境的概念外延更大,且具有更深刻的意蕴。第一,生态强调整个系统的关联性。生态系统各部分是有机联系的,个体的人以及人类社会都是宏观生态系统的一部分,人的活动必然会对生态系统的其他部分以及生态系统总体状况产生影响,生态系统各部分以及系统总体状况的改变反过来也会影响人类活动。第二,生态概念强调整体性。由于生态系统具有普遍联系的特点,所以生态系统内部某一局部的变化往往会导致一种全局性的后果,比如"多米诺骨牌效应"与"蝴蝶效应"就既体现了系统普遍联系的特点,又体现了系统的整体性。这就启示我们在对待生态环境问题时,既要立足当下,从每个人、每个地区、每个国家的具体行为开始,又要具有战略眼光和全球视野。第三,生态概念蕴含动态性的特点。生态系统内部周而复始地进行着物质和能量的交换与转变,各种变化不仅处于过程中,而且不间断地产生着各种阶段性的后果,而这些变化理应符合生态规律的要求,否则,就会影响甚至改变整个生态系统的良性循环,日积月累将会对包括人类社会在内的整个生态系统造成毁灭性的破坏。这就要求我们:人类的各种生产生活活动,除了应当符合社会发展规律之外,还应当符合生态规律。

除此之外,正确阐明生态主义与环境主义之间的区别也有助于我们认识问题的实质。环境主义一般是指在资本主义框架内,对环境污染与生态破坏进行关注的思想行动的理论概括,它对生态环境问题的解决更注重当下的、局部的、现实的途径、技术与方法，许多人将其划归改良主义的阵营。而生态主义与其相比，则在视角上更加宏大，在态度上更加激进，它不仅只看到局部的、个别的生态环境问题，更将其置于全球的视野下来进行宏观体认。正如多布森在《绿色政治思想》中指出的，生态主义可以作为一种独立的意识形态，而环境主义则不能。生态主义在追问造成全球生态环境问题的根源时，直指人类现行的思维模式、价值观以及人类社会的制度建构，比如生态中心主义对人类中心主义价值观的批评以致颠覆，以及生态社会主义对资本主义制度是造成生态危机根源的批评。但是，当我们采取生态殖民主义而非环境殖民主义的提法时，并不意味着认同生态中心主义的价值观；我们对待生态社会主义的态度，也应是将其对资本主义制度批评的深刻性与其作为一种指导具体的社会运动和社会制度建构的意识形态的不成熟性及其深层的乌托邦色彩结合起来，加以综合考量和评价。可以说，正是生态主义对资本主义批判的意识形态的积极意蕴，成为我们采用"生态殖民主义"而非"环境殖民主义"的基本考虑。

目前,在国内外有许多人由于看到发达国家一般都比落后国家生态环境好的表象,就认为生态环境问题只是一个经济社会发展到足够发达的程度之后才能解决的问题,即认为,它只是与工业化程度和经济发展水平直接相关联的纯技术性问题,而并不与社会制度的性质和意识形态问题相关联。事实果真如此吗?近现代的社会发展史表明,只要存在资本主义的生产方式以及与其相适应的社会关系、社会结构、政治制度和思想文化的意识形态体系,一句话,只要存在资本的私人所有制与建立其上的资本对劳动的残酷剥削及对自然界的野蛮掠夺的关系,生态环境问题就会与人的解放问题一样,始终无法彻底地在全球范围内得到解决。资本主义统治秩序的存在意味着其经济链条(原料、资源、能源获取—生产、加工—全球销售—消费—废物处理)在全球范围的无限延伸与扩张,落后国家和地区将牢牢固化于这个链条的最末端,即处于被剥削、被掠夺的最不利的经济地位与环境条件之中,他们的贫穷、饥饿、落后和环境灾难是发达国家经济上不断对外扩张,从而保持生活富裕、环境状况相对优越的必要条件。资本的嗜血本性决定了它只要存在就必须不断地增值利润、扩大生产、刺激消费，不断地突破地域的、自然的一切界限，不断地向自然界无节制索取，不断地污染和破坏环境，不断地榨取工人的剩余劳动，从而不断加深人的异化与自然的异化。正如马克思在《资本论》中所言，产业愈进展，自然就愈退缩。人与人之间的战争最终达到人与自然的战争，而同时人与自然之间的战争也愈益通过人与人之间的战争表现出来。所以资本主义不只是一种生产方式和生活方式，还表现为一种意识形态、一种价值观念、一种思维方式。在它全面统治下的人与自然必定将达到异化的最大限度而难以为继。在这种全面的异化状态下，穷国和穷人必将是环境灾难和社会灾难最直接，也是最沉重的承受者。

（二）生态殖民主义的本质是一种新殖民主义

殖民主义历来是资本主义全球扩张的伴生物。在 15世纪的航海大发现之后，西方列强受到资本扩张本性的驱动，疯狂扩展海外殖民地，为此目的不惜发动大大小小的侵略战争，直至发生两次世界大战。亚非拉许多国家曾经沦为殖民地、半殖民地，实质上成为资本主义全球经济链条中的一环，被迫成为发达国家原料、能源供给国与制成品倾销地。这种旧殖民主义的原本表现形式包括发达国家的直接军事占领、政治统治以及经济上的超经济剥削。二战后,伴随着社会主义运动与民族解放运动的兴起,许多殖民地、半殖民地国家纷纷争取到民族解放,建立了独立的主权国家。西方发达国家为适应这种变化了的形势,变直接的政治、军事统治为通过培养代理人来间接操纵原殖民地、半殖民地国家的军事、政治,主要通过经济和贸易关系这种"文明"的方式,在"平等"的表象下进行不平等的剥削,掠夺原殖民地、半殖民地国家的能源、资源和其他财富。在当代,这种新形式的殖民主义又换了另外一张面孔,即打着"民主、自由、人权"的旗号,将西方强国的价值观普世化,着重对发展中国家在思想文化领域进行渗透与同化,企图以思想文化上的"西化"来为其经济和政治扩张鸣锣开道。纵观旧殖民主义到新殖民主义再到后殖民主义的发展轨迹,不管西方强国如何实现了全球扩张由野蛮形式到"文明"形式的转化,实质却丝毫未曾改变,那就是一贯的殖民主义。资本全球扩张的本性决定了它必然建立和维持一个资本主义性质的世界统治体系,这个世界体系既是资本扩张的结果,也是资本实现不断向更广的领域、更深的程度进行扩张的工具。西方发达国家处于这个体系的中心,并掌控这个体系,其他国家依次处于体系的外围及边缘,要向中心持续以能源、资源、原材料和廉价的劳动力等形式提供养分——给它"输血",同时要不断地吸纳"中心"以及由"中心"支配自身所产生的大量有毒有害废弃物——充当"垃圾场"。对于西方发达国家而言,这个体系固然是越大越好,资本的触角无孔不入,它宣布所到之处均已纳入自己的势力范围。以美国为首的西方资本主义国家对社会主义国家之所以充满敌意,其意识形态、价值理念上的种种说辞仅仅是表象、是形式,起决定作用的原因是"你不承认资本统治的合法性,我就无法将你纳入我的世界体系,从而我就无法获利"。所以,无论世界上哪个国家和民族阻碍了发达资本主义国家追逐利润与扩张资本主义世界统治体系的意愿,谁就是以美国为代表的西方发达国家的敌人,谁就会被扣上"独裁"、"专制"的帽子而遭到制裁与讨伐,甚至被军事打击。这就是华盛顿可以支持许多国家野蛮的独裁者,而对社会主义国家却满怀怨恨与愤慨的原因。

生态殖民主义正是这种殖民主义在生态环境问题上的集中体现。发达国家对发展中国家进行的生态侵略与掠夺，在造成的恶劣后果上更甚于旧殖民时代野蛮的武力扩张。比如美国对中国西南地区红豆杉的巧取豪夺，对当地的杉林资源造成了毁灭性的破坏。再如日本大量进口中国的木材，制成一次性筷子，又销往中国，不仅破坏了中国的森林资源，同时也赚取了大量利润，而我们知道，日本的森林覆盖率达到68％，在全世界仅次于芬兰位列第二。又如在西方发达国家的极力推动下，印度的水产业实现私有化，对水资源造成巨大的破坏。美国本国的石油资源十分丰富，甚至国会立法禁止开采近海石油，却源源不断地大量从别国进口石油，毫无节制地消耗能源和大规模地囤积战略储备。如此这般，不一而足。在西方发达资本主义国家占统治地位的观念中，即使世界其他国家和地区的人民由于饥饿、贫穷、生态恶化而难以生存、发展，他们本国人仍然可以靠挥霍资源来维持所谓的幸福生活。但是，资本主义全球化本身是一把双刃剑，在他们为自己获利而意满自得之时，不仅在客观上为人类埋葬资本主义创造了物质前提,也必然要承担资本全球化带来的一系列恶果。当生态危机与灾难在全球蔓延之时,又有哪一个国家能够幸免呢?! 有人将亚马孙流域的原始森林与西双版纳的原始森林比作地球的两片肺叶,如果这些森林资源遭到破坏,全球的气候将会发生不可预期的变化。现在全球气候变暖、冰川迅速消退、南极臭氧层空洞化,势必将殃及地球上的每个国家。在自然灾害面前所有的人与国家都是平等的。就像海水污染一样,必定会随着潮流的涌动将污染带到世界的每个角落。西方发达资本主义国家的许多有识之士意识到这种严峻性,促使本国政府与国际组织制定政策、采取措施,治理环境污染、缓解生态危机。但是,在资本的本性起决定作用的资本主义世界统治体系内,这些努力或者如杯水车薪,或者半途而废,根本无法取得具有全局意义的积极成果。大卫·格里芬说道:"事实上,美国国家领导人如此依赖于少数及富裕的个人和公司的金钱,以至于很难让他们对这一转变(从使用石油、天然气和煤转向使用太阳能与风能)在立法上投赞成票。由于那些垄断了石油和煤炭的大公司希望这些原材料继续被使用,他们会用金钱阻止通过应用无污染技术的立法。"①老布什在里约热内卢的地球峰会上拒绝在保护生物多样性条约上签字,他的理由是"我是美国总统,不是世界总统",可谓一语道破"生态殖民主义"的实质。

发达资本主义社会往往是一个高消费、高污染的社会。"生活在高收入国家的占世界人口20%的人消费着全世界86%的商品、45%的肉和鱼、74%的电话线路和84%的纸张",20世纪90年代"美国、日本、欧洲纸制品消费占世界的2/3,所用木材几乎全部来自第三世界"②,在这个背景下,许多第三世界国家的生态环境急剧恶化。占世界5%人口的美国消耗着世界25%的能源,可以说,全球生态危机的始作俑者与最大受益者是以美国为代表的西方资本主义发达国家;而现在,广大发展中国家与落后国家却承担着生态危机带来的大部分恶果。"全世界每年死于空气污染的270万人中的90%生活在第三世界,另外每年还有2500万人因农药中毒,500万人死于污

① 《后现代转折与我们这个星球的希望——大卫·格里芬教授访谈录》,王晓华译,《国外社会科学》2003年第3期。
② 李慎明:《全球化与第三世界》,《中国社会科学》2000年第3期。

水引发的疾病"①。这是生态殖民主义的恶果，是不平等的国际政治经济秩序的产物，而生态殖民主义又推动了这种不平等的国际政治经济秩序的强化与泛化。这种不平等是发达资本主义国家所需要的，只要存在这种不平等、不公正，生态殖民主义就有生存的空间，资本主义全球扩张的态势就无法得到遏制。

资本追求利润的本性决定了它无限扩张的逻辑。马克思不只一次地论述过资本全球扩张的本质与表现，马克思说，资本"摧毁一切阻碍发展生产力、扩大需要、使生产多样化、利用和交换自然力量和精神力量的限制"②。"发财致富就是目的本身。资本的合乎目的的活动只能是发财致富，也就是使自身变大或增大……作为财富的一般形式，作为起价值作用的价值而被固定下来的货币，是一种不断要超出自己的量的界限的欲望：是无止境的过程。它自己的生命力只在于此"③。资本所及之处无一不被资本化，看看它对第三世界的所作所为吧：它要求全

---

① 李慎明：《全球化与第三世界》，《中国社会科学》2000 年第 3 期。

② 《马克思恩格斯全集》第 30 卷，人民出版社，1995，第 390 页。

③ 《马克思恩格斯全集》第 30 卷，人民出版社，1995，第 228 页。

球的政治、经济、文化等全部社会领域资本主义化,成为自己的翻版,但只有一点不行,即后发展国家不能过西方人那样的现代化水平的生活。说什么,如果中国达到美国的人均汽车拥有量,达到美国的人均资源、能源消耗量,那就会使地球不堪重负,似乎现代化生活是西方少数人的特权。在美国以人权、生态环境污染等问题攻击中国的时候,我们看到的是一幅多么有趣的悖论图景——既要你向我学习,又不要你向我学习,我的出发点只能是,也仅仅是我自己的国家利益。在本质上,这个矛盾是由资本本身的矛盾所决定的。马克思一针见血地指出,资本无坚不摧、所向披靡,但它遇到的最大限制就是资本本身,它也必将在根源于自身的否定、扬弃与克服的社会大变革中,使世界各国有平等的发展权,使各国的劳动和人民获得解放,以及使自然界及其资源得到合理的利用与保护。

(三)生态殖民主义是生态帝国主义的伴生物

正如现代殖民主义必然是帝国主义的伴生物一样,生态殖民主义也同样是生态帝国主义的必然产物。帝国主义的存在需要一种不平等的层级关系,或者说一种剥削与被剥削的关系结构。当代的帝国主义已经不是它最初的意指,即疆域上的、对属地实行殖民统治的帝国主义了,而是一种资本主义生产关系的帝国主义,或者如列宁所说的"资本帝国主义"。有学者从马克思的"经济殖民地"①概念出发,在"一种经济成分要以其他的经济成分为它提供条件才能生存"的意义上理解世界体系,认为帝国主义已经成为一种特定的生产关系、社会关系、政治关系、文化关系的综合体,当代的"新帝国主义论"便是这个综合体的意识形态。帝国综合体将体系内的所有国家与地区用资本主义的生产生活方式、思维方式进行消解与重塑,最后形成一种固定的结构,这种结构得到不平等的交换关系的滋养而不断固化,从而形成对体系内所有被核心国家所剥削的国家的一种"结构性暴力"。第三世界在政治、经济、文化、生态等领域的局部斗争相对于整个结构的力量还是太弱小了,若想彻底消除这种暴力的存

---

① 即将殖民与土地分割开来,殖民地已经演变成为一种经济关系,即一种经济成分对另一种经济成分的剥削和被剥削关系。具体阐述见王苏颖《从殖民地概念的发展看当代殖民体系》,《复旦学报》(社会科学版),1995年第5期。

在只有颠覆整个帝国主义体系。

生态殖民主义与生态帝国主义的关系沿用了上述关于帝国主义的逻辑。美、欧、日等发达资本主义国家在工业化初期和发展期，也对本国生态环境造成了巨大破坏，到了20世纪中期，其工业化发展到相当高的程度之后，人们的生态意识、环境意识开始觉醒，进而环境运动兴起、绿党参政，经过几十年的本国治理再加之向第三世界的生态殖民，已经建立起一个个"生态帝国"。这个生态帝国的表象就是：一面是美、欧、日发达资本主义国家的经济发展、生活优裕、生态环境良好，另一面则是广大发展中国家经济发展相对滞后和生态环境恶化，尤其是一些落后国家的经济停滞甚至衰退与生态环境急剧恶化同时存在的事实。

生态帝国主义的存在必定以生态殖民作为载体，正如伏尔泰所说"一国之赢只能立于他国之失之上"，或者像帕累托所言"无他人之情势恶化，决不会有一人之境遇的改善"。在经济全球化的背景下，生态帝国主义的表现似乎多了一层虚伪的面纱。一些发达国家及其领导人以"地球卫士"、"生态警察"的面目出现，谴责发展中国家以及落后国家的生态环境破坏；一些国际组织向第三世界国家进行环境项目的资金、技术、人员培训等援助；在发达国家的主导下，数次召开人类环境（发展）大会，通过了一些呼吁性或规范性的文件、约定等。所有这一切是否可以构成对生态帝国主义的否定呢？对此我们需要具体分析。首先，发达国家由于历史及现实的原因，对地球生态环境的破坏应负主要责任，而他们对第三世界环境问题的解决更应当承担自己不可推卸的义务，对第三世界环境项目的资金与技术援助不仅是其题中应有之义，而且还应该进一步加大这种援助的力度与范围。其次，无论是联合国、人类环境（发展）大会，还是"世界环境组织"，以及在生态环境方面签订的种种国际条约、协定，虽然在解决全球共同的环境安全问题上发挥了一定的作用，但是离一种刚性的、具有实质约束力的制度创设还有相当大的距离。正如有的学者指出的，在这些有关世界范围生态环境问题的条约或组织中，始终"存在着发达国家、发展中国家和低发展国家之间的视角与立场冲突"①，

---

① 郇庆治：《环境政治国际比较》，山东大学出版社，2007，第34页。

而这种冲突势必成为实现环境问题实质性突破的障碍。最后，生态帝国主义在某种意义上可以被称为全球范围的生态剥削和统治体系。它作为一种结构性的暴力，使所有被纳入其中的国家都染上生态殖民综合征，即在生态帝国主义的层级关系中，始终存在上一层级对其下一层级的生态殖民。由于体系的惯性，这种生态殖民综合征将无限蔓延，直至全球生态环境无法承受剥削与掠夺之重而走向毁灭为止。所以，只要存在资本主义世界统治体系在全球的扩张，就必然会伴随着生态殖民主义与生态帝国主义势力在全世界的蔓延。

（四）如何应对生态殖民主义？

资本在地域空间上的无限扩张无非是为了追逐利润，满足极少数的垄断资本家和极少数的资本主义发达国家或发达国家集团的利益要求，强调等级制中的不平等关系。而生态的逻辑却恰恰相反，在生态环境面前，地球上所有的国家、民族、地区都是平等的，反对等级制，反对不平等是它的本性，生态环境的优化与恶化直接与每个国家、每个人利益攸关，这在资本主义体系下是根本无法解决的。在当代的生态帝国主义中，生态环境的优化只使少数人受益,而以世界上绝大多数人的受损为前提,实际上,这种状况也不可能长时间存在。因为从生态环境的整体性、系统性、动态性的角度来看,这是不可持续的,资本主义性质的全球化模式实质上正是这种不可持续的发展模式①。所以在生态环境问题上,不管是从认识论、价值论,还是从哲学、伦理学的维度上,倡导一种价值观、伦理观以及思维方式的变革确是有益的。但仅仅停留在思想意识的层面还不够,重要的是看到生态殖民主义背后的制度因素,就像许多生态学马克思主义者批评的那样。然而,仅仅批评还不够,批判的目的是重建。

---

① 福斯特与奥康纳都认为可持续发展的资本主义经济是不可能的。福斯特指出,新的发展形式要优先考虑穷人而不是利润,强调满足基本需求和确保长期安全的重要性,这在资本主义框架内是不可能实现的。他还主张:"正是在资本主义世界的体制中心,存在着最尖锐的不可持续发展的问题,因此生态斗争不能与反对资本主义的斗争相分离。"关于这一思想的具体阐述见〔美〕福斯特《生态危机与资本主义》,耿建新、宋兴无译,上海译文出版社,2006,第74~76页。高兹提出,生态理性反对资本主义的经济理性,生态理性主张的"更少的生产,更好的生活",不能在资本主义框架内进行,它必然包含着对资本主义的超越与对社会主义的开拓。见陈学明、王凤才《西方马克思主义前沿问题二十讲》,复旦大学出版社,2008,第293~299页。

一些生态学家指出,未来不应是现存生产生活方式的延续,而应是完全不同的、全新的。如果仅仅停留在对绿色生产生活方式的理论构建与憧憬上,那只是一个想象的乌托邦。认识世界的目的在于改造世界,马克思主义的革命性就在于此。从全球范围内解决生态环境问题,克服生态殖民主义,就必须创造条件,从改变现有的资本主义生产和生活方式、政治制度、社会结构、价值观念人手,而实现这个改变的最现实的社会力量存在于工人阶级以及广大劳动群众之中,而不是仅仅依靠知识分子或其他觉悟人士的绿色运动①。这就是科学社会主义对待全球生态环境问题的阶级观点。

我们认为,生态环境问题的解决必须要立足当下,更要有全球视野。这与科学社会主义的理论及其实践是内

①　戴维·佩珀指出:"绿色运动的一部分已经通过不是挑战我们社会的物质基础而是变成其中的一个重要部分而成为反革命的","绿色运动作为新社会运动,其参与者在很大程度上可被看作是那些为了地位和被认可而斗争的被排挤工人阶级的第三代",所以,绿色分子在实质上代表的是资产阶级的利益。见〔英〕戴维·佩珀《生态社会主义:从深生态学到社会正义》,刘颖译,山东大学出版社,2005,第214～215页。

在契合的。马克思主义的科学社会主义理论是以辩证唯物主义与历史唯物主义为分析方法,建立在对资本主义生产方式批判基础上的、具有世界解放意义的科学的社会政治理论。它以工人阶级为阶级基础,在马克思主义政党的领导下,带领人民群众在资本主义生产与法的一切领域,开展反抗资本主义剥削与压迫、争取劳动解放的阶级斗争——以暴力的或者和平的方式,推翻资本主义制度,实现社会主义(共产主义)在全世界的胜利。在这个意义上,它必将以社会主义的全球化来代替资本主义的全球化。只有这样,社会才能克服资本主义全球化带来的利益只为少数人、少数集团、少数国家独享的恶果,才能克服世界范围内南北国家间贫富差距拉大的问题,才能克服使"贫者愈贫、富者愈富"的资本主义逻辑,才能实现利益在全球的公正合理分配。这与生态的逻辑是一致的。生态环境是显而易见的公共资源,它服务于全人类,更要求全人类为它负责,任何使公共资源服务于私利的行为必然与生态的内在规律相抵触。因此资本主义全球化具有反生态、反民主、反平等、反公正的内在逻辑。与一些绿色分子、环保人士所主张的通过技术革新、环保

27

立法以及环境运动等争取在资本主义框架内改善生态环境的基本政治主张不同的是，科学社会主义只将上述行为作为"立足当下"的一种考虑，即在当今的历史条件下，力求尽可能地缓解一些突出的全球性生态问题，尽可能地少一点生态赤字，但它的目的远远不止于此。科学社会主义认为，只要资本主义制度存在，就必然会产生生态殖民主义，就必然导致全球生态危机，所以必须推翻资本主义制度，建立社会主义的国际联合才能从根本上实现人与人、人与自然的双重和解。这个运动必然以阶级斗争的形式进行，而不管在现阶段看起来由经济发展带来的阶级分化有多么复杂、阶级斗争的含义有多么含混、前进的轨迹有多么曲折，未来经济、社会、政治、文化等领域的矛盾，归根结底还必然会以阶级对立的形式表现出来，实现社会制度的革命性变革也必然要依靠无产阶级的阶级意识、阶级立场与现实的阶级力量。否则，具有总体意义的社会解放运动的理论与实践，最终只能以乌托邦的结局收场。

有人用"环境库兹涅茨曲线"来解释诸如像中国这样一个发展中国家的生态环境问题，即经济发展初期环境随着经济增长而恶化，但当经济发展达到一定的水平后，即经历一个临界点,环境就可能会随着经济增长而得到改善。这个临界点在美国是人均 GDP 达到 10000 美元,在有些国家是人均 GDP 达到 6000 美元。在 2007 年初,就曾经有人乐观地预测我国苏南地区的环境拐点已经提前来临,但几个月之后就发生了太湖蓝藻事件,成为对"拐点论"的否定。即使不考虑这样的个案,环境库兹涅茨曲线的适用性仍然是一个可质疑的问题,即适用于 20 世纪中叶美欧的环境质量与经济增长的关联模式,是否适用于 21 世纪的中国以及比中国更贫穷落后的非洲、拉美的一些国家?

由于时代不同了,国家工业化的外部环境已经发生明显的改变。美、欧、日等国在工业化初期和发展期,世界上仍有充足的空间可以殖民扩张,新老帝国主义国家为瓜分世界曾经爆发过两次世界大战,实现了世界版图在帝国主义中心国家中按国家实力的分配。从历史上来看,新老殖民地的存在为发达国家开展与完成工业化进程、进入后工业化时代提供了充分的资源能源条件。但是,21 世纪的中国在实现国家工业化和现代化过程中,不会再有这样来自外部的资源和能源优势,而且目前全球生态环境的承载力已经大大缩减。更为重要的是,中国是一个社会主义国家,社会主义相对于资本主义的制度规约性体现在何处? 中国加入世界经济分工体系,但这并不能意味着中国要成为资本主义全球体系的一分子,已经是生态殖民主义受害者的中国不能再作为生态殖民主义的施害方,包括在国内发展中尤其要注意防止在发达地区、欠发达地区以及落后地区的地区差异中、在城市与农村的城乡差异的裂缝中,转嫁与扩大生态环境灾难的行为。所以,环境库兹涅茨曲线在中国的适用性问题还需要考虑中国特有的变数。

中国是一个正在融入世界经济体系中的社会主义大国,如何在当前的国际形势下针对生态殖民主义做出适度而必要的战略回应是一个值得深思和探索的大课题。但其中有两个基本原则是明确的:一是在积极参与经济全球化的过程中,要趋利避害、独立自主地发展壮大自己,并联合世界范围内的反资本主义力量,最根本的和最终的目标是争取以社会主义的全球化替代资本主义的全球化,这是"全球视野"的体现;二是立足当下,在生态环境问题上将国际合作与国际斗争相结合,为缓解全球生态危机做出现实的贡献。

二 消费主义:资本主义对于人身自然的侵蚀

如前所述,资本主义私有制决定了资本无限追逐利润的本性,这种本性在生产环节的无限扩张表现为生态殖民主义,在消费环节的无限扩张表现为消费主义。所谓的消费主义,指的是生产不是为了使用价值,而是为了交换价值,即生产不是为了满足人们的实际需要,而是为了产生和创造更多的剩余价值,为资本家积累财富。消费主义必将导致对自然资源的浪费和对生态环境的破坏。然而,伴随着资本主义经济全球化的进程,在资本逻辑的铁律之下产生了消费主义的滥觞,已经从民族国家的宏观经济政策层面,深入到公民个体的日常生活中去了。消费主义果真是"丰裕社会"的恩典吗? 抑或只是资本统治铁律的一个化装的面具? 消费主义对生态问题有什么影响呢?

(一)从消费到消费主义:人的异化和人身自然的破坏

消费作为生产的内在因素,作为经济活动的一个环节,何以变身为"消费主义"? 消费行为的这种变身是在后福特主义即资本主义高度工业化之后实现的。从物质匮乏的社会发展到"丰裕社会"是资本主义生产方式不断进化、不断发展的产物,人们由追求生活必需品的满足发展到不断追求生活质量的提高。这里的人们指的是普通劳动者阶级或工人阶级。这也正是卢卡奇所论及的工人阶级"物化"而导致阶级意识的丧失。生活品质日益和娱乐、休闲等联系在一起。文化由一种内在的精神生活而成为产业,休闲也丧失了以愉悦和闲适为目的的纯个人体验的内涵,而成为一种社会活动。生活不是人在生活,相反,人日益成为一种异己的存在,成为了"物",是"物"在"生活"。正如阿格尼丝·赫勒所说的,人成为物的附属,人们拥有的物越多,他们的生活经验和行为就将越发变得像附属物。在生产劳动中,工人只作为机器生产的一个环节,是一种延长了的机器的手臂,工人和他的劳动产品丧失了本真的生命联系,劳动产品不是作为劳动者自我意识的外化和对象化,而是成为与劳动者没有关系的"他者",劳动者在生产过程中只体会到压抑、束缚,只体验着非人的存在,它完全丧失了自主性。但是,人不仅是有意识的动物,他还是有自我意识的理性动物,其自主性正是自我意识的结果。既然在生产劳动中无法实现自主性,那么就在消费活动中来实现。从而,劳动者就将消费自主性视为真正的"人"的生活,消费由一种工具价值上升为人的本质,成为人的本体论中不可或缺的一个环节。如此,消费成了一种信仰,消费行为变身为消费主义,并获得了它在文化和哲学上的内涵。

瓦纳格姆在《日常生活的革命》中指出,消费社会中的人们的消费,并非指人们购买使用物的过程,而是人被符号化以及被符号所控制的过程。从人的物化到符号化的发展,我们看到,在消费社会中,人的本质不是人本身,也不是人的社会性(马克思主义意义上的社会性),而恰恰应该说,人的本质是物,或者说,"人的物品性越强,他在今日就越具有社会性"。瓦纳格姆启发我们要进一步研究消费社会中的物化/异化问题。其中有两个关键词:"欲望"和"虚无"。关于"欲望",瓦纳格姆提出了"我羡慕,所以我存在"①。人在消费中将自我对象化,使作为主

---

① 〔法〕鲁尔·瓦纳格姆:《日常生活的革命》,张新木等译,南京大学出版社,2008,第22页。

词的"我"——主体，与作为宾词的"我"——客体之间形成二元对立。通过消费活动中自我对象化的自我意识与自我反思，人被"欲望"的巨型大手推入永久的苦恼循环之中，它像永不停歇的钟摆一样荡来荡去，也就是说，它只有把人彻底地消费掉之后，才会微笑着死去。欲望消费着作为消费者的个体。欲望本质上是一种消耗，它像吸血鬼一样吸收着生命的能量作为生存的前提。而同时，欲望又是消费的直接动力，"我羡慕、我欲望、故我在"，消费社会永远会通过各种形式来制造欲望、推销欲望、满足欲望、蔓延欲望。在消费社会中，欲望是经济的发动机，也是生活意义的制造者。只是，此处的生活，不是真正的人的生活，而是被欲望吞噬了生命能量的、物化的、非现实的"人"的生活，不是人在行为、说话，而是物在行为、说话。对这种颠倒的任何颠倒，都会被贴上另类的标签，这就意味着，整个社会的意识形态已经发生根本的倒转。

人在消费过程中，创造着人的虚无性，正如罗札诺夫的妙喻："演出已经结束，观众起立，是穿上大衣回家的时候了。他们转过身,发现既没了大衣也没了家"①,人在消费中不断地掏空自身的内容,而以这种空虚为内容。虚无成了肯定的形式,从而变成最强大的实有。消费中的人们被组织化、被控制论所分门别类地安置,后面藏着技术人员的机器在实现了对日常生活的控制、规划和合理化的同时,也给人造成享有自主性和自由权利的虚假的意识形态幻觉。在组织化与被控制中,人们才会感受到自由。但是,瓦纳格姆说:"物品不会流血。具有事物重量的人们,将会像事物一样死去。"在消费社会中,人最终消耗掉的是人的类本质以及人类自身。

西方马克思主义认为,消费主义价值观的盛行,使人们在对商品的追逐与消费中得到心理满足,并伴随着快感与自我价值感的实现,从而掩盖甚至消解了资本主义制度造成的异化劳动给人们带来的普遍痛苦与折磨。在此意义上,异化消费与异化劳动一起成为资本主义经济机器持续运转的支柱,这也成为"劳动-闲暇"二元论产

---

① 〔法〕鲁尔·瓦纳格姆:《日常生活的革命》,张新木等译,南京大学出版社,2008,第 180 页。

生的基础。劳动的痛苦以消费的"幸福"体验作为补偿，而无度的消费不仅使污染物增多，而且促进了生产的进一步扩张，进而带来了能源与资源更大的耗费。异化劳动与异化消费，在持续的恶性循环中不断复制自身。本·阿格尔指出："劳动中缺乏自我表达的自由与意图，就会使人逐渐变得越来越柔弱并依附于消费行为。"阿格尔认为这种过度消费驱动了过度生产，从而不仅在生态的角度上是破坏性的、浪费的，而且对于人本身的心理与精神而言，也是有害的，因为它并不能真正补偿人们因异化劳动而遭到的不幸。但是，阿格尔认为，人们对于异化消费的期望最终会被生态危机打碎，使人们重新审视生产、消费以及人生存的意义，即他所谓的"期望破灭的辩证法"，促进人们在价值观念和生活方式上产生许多变革，比如吃、穿、住、行等日常生活中奉行更加节俭、有益于生态环境的原则，在自我实现的生产劳动过程中寻求幸福感。"期望破灭的辩证法"使人们重新形成自己的价值观与愿望，从而带动整个社会生产领域的变革，这正好与消费主义产生自资本主义生产方式，同时它的发展又必然趋向对资本主义生产方式的否定相呼应。

但是,西方马克思主义者将异化消费从异化劳动中分离出来的资本主义批判,仍然停留在经验和表象的层面上。从马克思对生产与消费关系的说明中,我们知道异化消费只是异化劳动的衍生品。异化劳动是本质性的,没有异化劳动就没有异化消费。异化劳动正是资本主义生产关系再生产自身的前提和基础。当真正的人,即人本身在与异化劳动的融合中不断消失时,人本身就再也不是整全的人,而成为被迫撕裂的部分和碎片,人以碎片式的存在方式,以机械化、理性化的行为方式,在消费行为中发挥着"主体性"与"创造性"。人是在世界中的存在者,而存在本身却被遮蔽了。对海德格尔而言,要揭示本真的、被遗忘的存在,就要"去蔽"。对马克思而言,这个"去蔽"就是消除异化的过程,马克思将其称为"共产主义运动",共产主义不是一个所谓的结果,而是人类一系列的解放运动。

　　可以说,消费主义是这样一个发展的环节:在这个环节上,工人阶级的生活水平有一种相对的提高,表现为一种虚假的丰裕社会;工人阶级在异化劳动中导致的精神空虚在消费活动中得到虚假的补偿和满足,从而造成了虽然得到了眼前的某些实惠,而实质上却丧失了原则性和自主性的问题,因而消费主义有其自身不可克服的局限性。首先,消费主义对自然界和工人身体的过度消耗必将导致人和社会可持续发展的客观条件的丧失,使人自身的再生产与社会再生产难以为继,威胁人类的整体存在。第二,虚假的丰裕导致工人阶级意识的消解,导致工人丧失了反抗作为整体的资本主义生产方式的意志,物化的人发展到极致,人成为物心甘情愿的奴隶,却自以为是物的主人。在消费活动中,人的主体性的张扬必须通过人的完全客体化才能实现,这种主体性在绝对客体化面前就像一个大大的、五彩缤纷的肥皂泡一样,一吹即破。这就决定了消费主义必将被更高阶段的"劳动"主义所代替,即人将在生产劳动中体现自我意志,获得自我价值的实现,这种生产劳动只能是生产资料公有条件下,不以利润为目的的生产劳动,是对资本主义生产方式的必然否定。

(二)消费者合作社的幻想和生态城市的不可能性

在西方国家,城市的产生由来已久,但只有在资本主义生产方式主导下产生的城市才具备现代城市的内涵。

工业化和城市化是资本主义发展的两大驱动。从早期的圈地运动开始，人从农村迁到城市，产业重心从农业转到工业，城市化与工业化同时为资本主义生产方式的发展展开了波澜壮阔的画卷。如果说早期的资本主义城市还作为工业化的场所而与生产主义相联，那么在当代，当资本主义进入后工业化时期，城市也愈益与消费主义合谋，成为资本主义固有矛盾得以展示的一个新的场所。

在后工业化的晚期资本主义语境之中，消费浮在生产之上，似乎成为坐架人类存在的支点。"社会成员已经或即将从作为生产者地位中被驱逐出来，并首先被定义为消费者"①。鲍曼认为，"消费者合作社"是最适合的当代文化隐喻。在消费者合作社中，"每个社会成员的份额都是由其消费，而非生产贡献所决定。成员消费越多，其在合作社的共同财产中的份额就越大……消费者合作社的真正生产线在原则上是消费者的生产"。② 但接着，鲍

---

① 〔英〕齐格蒙·鲍曼：《后现代性及其缺憾》，李静韬译，学林出版社，2002，第43页。

② 〔英〕齐格蒙·鲍曼：《后现代性及其缺憾》，李静韬译，学林出版社，2002，第166页。

曼指出,消费者合作社可以被想象的前提是市场条件,"消费者合作社的隐喻完全由市场隐喻中立地补充"。既然如此,就出现了一个悖论,问题在于不是谁消费得更多,而在于"谁能够消费得更多",事实是谁占有更多,谁的私有财产更多,谁就能消费得更多,这是任何现代人都无法挣脱的资本的"铁笼",作为一种后现代主义文化符号的消费者合作社的反决定论在无所不能的资本决定论面前必然会失效。最后,鲍曼说到,选择是消费者的特征,从而形成了难以控制的、自我推进的文化活力。消费社会的生产与再生产就建基于这种永无竭尽的消费行为与消费欲望之上。但任何涉及"无限性"的问题,最终都将与自然界被设定的"有限性"相遇,虽然这在前资本主义社会根本就不是一个问题,因为地球作为一个存在体虽是有限的,但自然界作为一个动态平衡的有机体,在一个相当长的时期内会体现出不竭的生命力。自然界的这一特征被资本主义生产方式彻底粉碎,尤其是到了晚期资本主义,即消费社会阶段,就体现得尤其显著。消费时间的更新与自然界有机体的时间更新之间发生了时空上的抵触,自然界来不及恢复其生命力就面临着被急剧掏空的命运。所以,以消费主义为特征的资本主义的生产和生活,是对自然界本身的生命力的否定,是一种只有在死亡时才能自我实现的生活。

那生态城市的建设是否可以作为医治消费主义城市泛滥的一剂良药呢?"为繁荣而收缩"①成为生态城市倡议者的宣传标语。他们对用以下措施来实现城市的生态化抱有积极的信念:城市规模收缩和城市功能的分散化,使用生态技术,建设生态建筑,实现城市交通的生态化,每个人都采用符合生态原则的绿色消费方式与生活方式,等等。在资本主义条件下,是否可能实现作为消费主义象征的城市的生态化? 换言之,建设生态城市是否可能? 我们的回答是否定的。

首先,与生态现代化一样,生态城市的建设策略建基于对技术文明的信仰或技术乐观主义,是技术万能论在生态实践中的反映。但技术是否可以解决一切至今仍是一个存疑的问题。鲍德里亚在《致命的策略》中预言了高

① 〔美〕理查德·瑞吉斯特:《生态城市》,王如松、胡聃译,社会科学文献出版社,2002,第203页。

科技产物对它的制造者——人的报复,人类已经普遍处于世界风险社会之中。虽然每一个人造物的行为都是可预见的,但技术文明作为一个整体却成为不可预见的。生态学的想象运用了自然通过彻底的失败而成为赢家的论点。从生态学马克思主义的角度来看,技术并非中性的,在资本主义制度下,技术的发展和应用只能被资本本身的逻辑所决定,生态技术的命运也难逃资本的掌控。

其次,生态城市的倡议者认为,只要每个人的生活方式都实现生态化,那生态城市的运转就能得到良好的保持。在资本主义的消费社会状况下,这一切听起来就像天方夜谭。因为它们每一项都直接向资本的逻辑开战,所以只能落得鸡蛋碰石头的结果。科尔曼打碎了这个消费时代人人有责的神话。他说,消费时代的选择权不在消费者,而在生产者。"在污染或者有毒化学品的产生问题上,问题的源头是那种只顾降低成本、不计环境后果的生产决策。"①工厂排出废气、废水、废物,汽车耗费能源、

① 〔美〕丹尼尔·科尔曼:《生态政治:建设一个绿色社会》,梅俊杰译,上海译文出版社,2002,第40页。

污染环境,森林被砍伐、水体被污染,地下水被抽干,科尔曼尖锐地指出,在这些现象描述中存在着主体的缺位,而实际上,任一情形都是由"产业界"造成的。在这里,科尔曼对生态责任的追讨与马克思对资本原则的拷问之间只隔着一层纸了。

因此,一切都是表象,"生态城市"是表象,消费主义也是表象。追根索源,我们最终发现了那个统摄现代生活全部领域的、无所不在的、既是物质力量也是精神力量的东西,它就是资本主义社会的"普照的光"——资本。而资本在其本性的驱使下,在资本主义全球化中最终实现了对生命本身的统治。

(三)消费主义的全球化:"生命有限公司"

在消费社会中,一切都被商品化。这是资本主义生产方式特有的本质。最终,生命的生产、生命本身也成为商品,这确实是令人震撼的。在资本逻辑的主导下,消费社会必将会有一个全球化的发展,这个发展的尽头也就成为对生命本身的否定,从而完成对资本主义的否定,换言之,如果不及时遏制资本主义及其最后表现形式——消费主义的全球蔓延,结果只能是第三世界和工人阶级以否定自身的形式来否定资本主义制度。

物理学家、诺贝尔奖得主范德纳·希瓦（Vandana Shiva）在《处于边缘的世界》中将资本对于生命本身的摧毁力量令人震撼地展现了出来。希瓦从全球环境的种族隔离谈起，认为全球的自由贸易必然带来全球环境的"非对称性破坏"，即发达国家从穷国掠取资源、向穷国倾倒垃圾，穷国和穷人的日益贫困和生活条件的丧失（自然环境的破坏），成为滋养富国经济力量和富人们奢靡浪费的生活方式的源头。新自由主义的全球扩张表现为西方畸形的、不可持续的发展模式和消费模式的全球蔓延，它所造成的灾难使穷国和穷人成为最大的受害者。

更有甚者，资本在它不断的扩张中，最终将触角伸向了维持人生命的水和食物，将生命本身作为无差别的、以利润为宗旨的普通商品来对待，从而导致以经营商品的方式来经营"生命商品"，以消费商品的形式来消费"生命商品"。生命的商品化成为人类走向蛮荒主义的开端。水资源的危机为大公司提供了新的商机。对于大公司而言，可持续发展就体现为将每一种生态危机都转化为稀缺资源的市场，对于维持生命必不可缺的水也是如此。

他们计算着不同国家和地区水资源市场的潜力，并庆祝他们从水资源交易中获取的巨额利润。水资源的私有化意味着生命权力与自身的分离，而粮食的生产最终被操控于"生命有限公司"则成为生命私有化的一个极端形式。

"生命本身随着全球化而以终极商品的形式出现，地球这个星球在当今解除管制、推崇自由贸易的世界中成了生命有限公司。通过专利和基因工程，新的殖民地正在形成。土地、森林、河流、海洋，以及大气都已被拓殖、腐蚀和污染。资本为了进一步增长，正在探索和侵占新的殖民地。"[①]希瓦认为，这个新的殖民地就是植物、动物和妇女的身体这一内在空间。要将生命作为商品，就必须阻止生命本身的可更新和可繁殖。大公司为了在生命贸易中获取利润，通过专利这一合法的途径，使农民必须每年向他们购买种子，支付专利使用费。为了杜绝生命的自身复制，从而获取最大限度的利润，生命科学公司开始研制反生命的改良制品，比如"终结者技术"。这种技

---

① 〔英〕赫顿、吉登斯：《在边缘：全球资本主义生活》，达巍等译，三联书店，2003，第162页。

术通过重新排列植物的基因来杀死植物的胚胎，从而使那些拥有此技术专利的公司可以培育不能繁殖的种子，从而迫使农民必须每年购买新的种子。而终结者技术还可能影响自然环境中的其他动植物，不育种的动植物蔓延开来，势必危及人类自身，最后导致人类的灭顶之灾。希瓦认为，全球化消除了对商业的伦理和生态限制，一切待售——种子、植物、水、基因、细胞，甚至污染也成为商品。"当生命体系变成新的原料、新的投资场所和新的生产场所时，生命也就失去了圣洁。"[①]不仅如此，当美元代替了生命过程，生命也就消亡了。"将各种价值削减至只有商业价值，祛除对剥削的一切精神、生态、文化和社会限制，这一进程从工业化开始，通过全球化得以完成"[②]。在此进程中，生命本身被推到了边缘。

　　资本主义的全球化以消费主义来鸣锣开道。一切待售，一切可以买到。购买成为生命生产和再生产的基本

---

① 〔英〕赫顿、吉登斯：《在边缘：全球资本主义生活》，达巍等译，三联书店，2003，第175页。

② 〔英〕赫顿、吉登斯：《在边缘：全球资本主义生活》，达巍等译，三联书店，2003，第176页。

依赖。因为只要有买有卖，资本就会获取利润，就意味着获取发展的动力。对资本主义的否定可以从对消费主义的否定开始，但绝不终止于对消费主义的否定。

（四）如何应对消费主义？

由此，我们应该对消费主义有一个清醒的认识。消费主义是资本主义发展的产物，也是资本的运行逻辑中不可克服的内在矛盾的转移与显现。在资本的逻辑中，资本存在的前提是不断地运动增值，只有大量的产品被卖出、消费掉，而且对产品产生更快更多的需求，才为资本扩大再生产从而赚取更多的利润提供条件。在这个意义上，消费成为生产的一个环节。正如罗岗在《时尚的秘密就是资本的秘密》中所指出的那样："此起彼伏的'时尚'就不得不成为当代资本主义最重要的'征候'。无论是'眼球经济'、'创意产业'，还是'文化变成经济、经济变成文化'，都意味着资本如果要实现其本性，就必须动用一切力量再生产出人们的日常生活、情感结构、想象方式乃至最隐秘的欲望需求，因为正是这些领域重新打开了一个新的利润转换的空间。"就是对内在疆域的蚕食，"我欲望、我消费，故我在"成为笛卡尔"我思故我在"的现时代版本。如果说生态殖民主义是资本主义在地域空间和外部环境上的蚕食，那么消费主义就是资本主义对于人的生命本身的蚕食，是一种另类的深度"殖民"，这种殖民使得当代人的一切活动，哪怕是休闲活动，看电视、看电影、旅游等无一不被资本的利润之网所捕获。马克思在《资本论》中证明，在资本积累的另一极是贫困的积累，有效需求不足之下的生产相对过剩——经济危机——发生了，造成利润的减少，资本的削弱。为了克服这个矛盾，凯恩斯主义实行刺激消费与加强国家控制相结合的政策，所谓的刺激消费，就是对韦伯所讲的新教伦理、节俭禁欲等道德律令的背反，在全社会提倡以信用卡为媒介的超前消费，从而一改有多少钱花多少钱、先工作后消费、量入为出的消费理念，而成为寅吃卯粮的消费模式，甚至在美国等西方国家，长期以来形成一种没有贷过款就缺乏信用度的根深蒂固的信念。人们的生活水平固然是暂时提高了，但经济危机的风险却没有消除，而是被转移了，最显著的例子就是当今正在持续的全球金融危机，在某种意义上，认为消费主义是此次危机的价值观根源不是没有道理的。

但是,消费主义更加严峻的后果还不止于此。由于过度消费而带来的生态环境问题,不只在国家的层面上,而且在全球层面上显现出来。在消费主义价值观之下,地球成为取之不竭的资源库与具有无限消化能力的垃圾场,地球正在被所有生存于其上的人们吃掉、喝掉、用掉、浪费掉。虽然生态系统具有自我修复与自我持存的能力,但在消费主义价值观的笼罩下,人们的消费行为导致的破坏速度远远大于它的修复速度,从而使环境承载能力不断下降。

　　事实上,抽象地谈论消费主义给社会造成的文化心理问题与生态环境问题,并非马克思主义的立场。从马克思主义的阶级分析方法看来,在消费主义引发的各种问题上,同样存在穷人与富人的对立。在一个仍然没有彻底消除贫困以及极端贫困的社会,消费主义所谓的欲望消费,只能是富人的意识、富人的消费,以及富人的权利。当然,正在兴起与壮大的"中产阶级"队伍,为资本家的奢侈消费起到"抬轿子"的功能。由于人数众多的他们对资本家阶级——所谓的上层人物或上流社会——生活方式以及价值观念的模仿与追捧而促进了消费主义文化盛宴在全社会的展现,而"中产阶级"似乎忘记了他们在整个经济体系、社会结构中所处的从属地位,他们的剩余劳动成为资本家榨取剩余价值的对象,可以说他们正是新社会中有知识的工人阶级,或者是乌苏拉·胡斯所谓的"高科技无产阶级"。但是,中产阶级似乎更喜欢被称为"中产阶级"而非"工人阶级",前者似乎意味着更体面的,从而也是更接近资本家阶级的经济地位与社会地位,这也可以作为消费主义价值观滥觞的一个证明。事实上,在欲望消费中,是否可以满足欲望,以及在多大程度上满足欲望,成为资本家阶级与"中产阶级"真正的分野。对"中产阶级"而言,拼命工作来赚钱,以及每个月必须偿还的购房贷款或其他银行贷款,成为生活的主要部分。他们绝非像真正富裕的资本家阶级那样——不只在物质领域的欲望可以得到满足,而且拥有大量的闲暇,即自由时间。在一定程度上,真正的富人成为自由发展的个人,但他们成为这种自由人是以90%以上的人的不自由、不富裕甚至是贫困为前提的。而真正消费奢侈品的也正是这一部分人,珍稀动物的毛皮成为他们的披肩、衣服、鞋子,成为他们身份和社会地位的象征。真正的穷人即使身处丰裕社会之中,也仍然是以需求消费为主要的消费模式,不是他们没有欲望——电视、广告对时尚、所谓高质量的"好生活"的渲染与宣传无处不在,这必然刺激所有受众的消费欲望——而是没有实现欲望的消费能力。正如美国以世界上5%的人口消费着世界能源的25%一样,富国与穷国的消费水平差异在世界范围内的存在,以富人与穷人的消费差别在每个国家内部的存在为缩影。有人这样评价消费主义内在的、不可克服的伦理价值矛盾,认为消费主义"是以世界体系的不平等和不公正为前提的,少数人的奢华和浪费建立在大多数人的饥饿与贫穷之上;它是以人对自然界的掠夺和盘剥为基础的,少数人的享受和挥霍建立在自然生态的破坏和污染之上"①。

那么,我们应该如何面对"消费"问题呢? 中国是一个处于社会主义初级阶段的发展中国家,实行社会主义市场经济体制是现阶段的必然选择。市场经济促进了经济社会的发展,但是也带来了许多负面影响,比如消费主义在中国的兴起。事实上,消费主义行为不只成为生态

---

① 陈芬:《消费主义的伦理困境》,《伦理学研究》2004 年第 5 期。

环境的压力,而且对于消费者的心理与精神同样造成压力。只要不属于生活真正富裕的大资本家阶层,经历"逛街"与"购物"行为之后的消费者,在体验了短暂的满足与愉悦感之后,接下来就是现实生活中持久的压力,比如透支造成的还贷压力等。所以,从形成积极的社会价值观、消费观和幸福观,使人与自然、社会与自然和谐发展的角度来看,消费主义文化作为资本主义的伴生物是应该受到批判的。

我们不难找到数据来证明,消费主义对中国的生态环境已经造成了非常严重的后果。这种形势决定了我们应该产生以下的认识:

首先,西方发达资本主义国家的发展模式是不可持续的。虽然世界各国人民都有平等的权利来合理利用自然资源,以提升自己的生活质量、分享现代文明的成果,然而,包括我国在内的广大发展中国家如果追随这种模式,生态危机导致的自然资源枯竭和人类生存环境的毁灭将成为可预期的。研究表明,如果中国依照美国的生存方式生活,"将导致中国一国的生态占用就超过目前全球的生态占用总量",中国大约需要 10 倍于本国疆土的类似区域才能支持这种生活模式。① 所以我国必须转变发展模式，在科学理论的指导下，进行可持续的发展才是正途。

其次，中国目前应该大力倡导和谐消费观。在中国社会主义生态文明建设中，所谓和谐消费观，就是指人们在生产生活中对资源、能源、物品等的消费活动，都要以与自然界的协调为根本出发点，抵制或反对那些违反"资源节约型、环境友好型"社会原则的消费活动。具体包括，和谐的消费意识、和谐的消费行为与和谐的消费结果。和谐的消费意识是指，人们在消费活动中要时刻提醒自己及他人，要节约资源、保护环境，保持生态平衡，使环境意识成为内在于人们各种消费活动的一个先在的因素，从而时时处处对人们的消费活动产生影响与制约。和谐的消费行为是指，人们购买绿色、环保商品用于消费，在购买、消费的整个过程中，都时刻注意消费行为对环境的影响，厉行节约、反对浪费，避免或减少对生态环境的破坏。在和谐的消费意识与消费行为的基础上，使

----

① 中国 21 世纪议程管理中心可持续发展战略研究组：《繁荣与代价：对改革开放 30 年中国发展的解读》，社会科学文献出版社，2009，第 191～192 页。

整个消费活动对自然界的负面效果降至最低,或者产生某种程度的积极影响,从而实现人与自然、社会与自然之间物质变换的合理与和谐。

从马克思主义的观点来看,经过扬弃与超越资本主义的过程,共产主义新人将成为拥有自由时间、可以全面而自由发展的人,他们不是在消费中而是直接在生产过程之中,实现自身的价值、体现自身的存在,劳动成为一种享受,所以才成为生活的第一需要。由于消除了资本主义私有制、消除了异化劳动与异化消费,消费主义失去了生存的土壤。在共产主义有计划的经济活动中,人们生产生活中消耗资源与能源的行为,将以最合理的方式表现出来,真正体现了"作为实现了的人道主义等于自然主义,作为实现了的自然主义等于人道主义"。

三 生态社会主义

生态社会主义是当今世界社会主义思潮中的一个流派，它以生态问题为切入点，猛烈抨击资本主义全球化体系，主张以社会主义来替代资本主义，它的理论和实践对于我们建设社会主义生态文明具有借鉴作用。

（一）生态社会主义的发展

20世纪80年代末90年代初，苏联东欧社会主义国家相继解体，世界社会主义运动陷入低潮，在世界范围内出现了一种普遍右转的趋势。但是全球资本主义的美梦并没有持续多久，在被新自由主义药方所毒害的第三世界，狼烟四起，而发达资本主义国家内部也不断产生各种各样的经济社会危机。20世纪90年代末以来，世界范围内兴起了反全球化的浪潮，其中，环境运动作为反全球化运动中的一个重要组成部分迅速发展起来，并出现了向左转的势头。生态社会主义就出现在这种绿色红化过程中的一个新阶段——"红绿交融"阶段。在这一阶段，生态社会主义试图将生态环境运动引向社会主义，积极运用马克思主义来解决现实中的生态问题。

进入 21 世纪以来,生态社会主义的实践活动日益活跃。生态社会主义不仅利用网络广泛地宣传其思想和行动纲领,还致力于建立国际范围内的联合组织。2007 年 10 月 7 日,在巴黎成立了"国际生态社会主义网"(Ecosocialist International Network,简称 EIN),来自阿根廷、澳大利亚、比利时、巴西、加拿大、塞浦路斯、丹麦、意大利、瑞士、法国、希腊、英国和美国的 60 多个积极分子参与了成立大会,选举了指导委员会,委员包括乔尔·克沃尔(Joel Kovel)、米歇尔·洛维(Michael Löwy)、德里克·沃尔(Derek Wall)、伊恩·安格斯(Ian Angus)等知名生态社会主义者。"国际生态社会主义网"与重组的第四国际、世界社会论坛都有着紧密的联系,与"社会主义抵抗"、"气候与资本主义"、"生态社会主义视域"等生态社会主义的知名网站实现着一定程度上的资源共享。2009 年 1 月,"国际生态社会主义网"召开第二次国际会议,发布了《贝伦生态社会主义宣言》。

尽管在生态社会主义的概念等方面还存在着许多不同意见,但不可否认,生态社会主义思潮对于现实政治实践的影响是比较广泛的。在欧洲,许多左翼政党都受到生态社会主义的影响,比如,荷兰的绿色左翼党带有强烈的生态社会主义色彩,生态社会主义者、绿党中的激进左翼在许多国家建立了激进红绿联盟,英法德以及北欧的主要资本主义国家中生态社会主义者对政治活动存在着实际的影响。而且,生态社会主义组织的政治运动在北美和拉美都比较活跃。同时,伴随着全球资本主义危机的蔓延与加剧,资本主义的全面性、系统性、体制性危机暴露得更加显著,许多有识之士都在思考资本主义的替代性方案,在这种形势下,西方左翼思想有进一步激进化的倾向,复兴社会主义(共产主义)的思想和运动有不断加强之势,生态社会主义成为这个运动中的一支主要力量。

（二）生态社会主义的主要观点

生态社会主义认为,生态危机根源于资本主义的社会经济制度,资本主义在对积累的无止境追求中造成了巨大的浪费,产生了严重的生态危机。[①] 通过系统考察资本主义国家及其生产条件的官僚化和政治化,资本主义

①　〔美〕约翰·贝拉米·福斯特、布莱特·克拉克:《星球危机》,张永红译,《国外理论动态》2013 年第 3 期。

积累、不平衡和联合的发展以及资本主义技术对生产条件的破坏，生态社会主义论证了资本主义的反生态性及其发展的不可持续性，主张以生态社会主义替代现在的资本主义，并提出了对未来生态社会主义社会的设想。

1. 资本主义无力应对当前世界范围内的生态危机和气候改变，走向生态社会主义才是人类社会的希望

在 2013 年的纽约全球左翼论坛上，著名的生态马克思主义者约翰·贝拉米·福斯特（John Bellamy Foster）指出，资本主义的本性就是追求经济增长与财富积累，是一种必须持续扩张的制度，其海外扩张投资的目的就是寻求原材料来源、廉价劳动力和开发新市场，而资本主义制度最终会面临自然资源有限的现实①，因此，资本主义在本质上是无法持续存在的。著名的世界体系理论的主要创始人沃勒斯坦与当红的左翼斗士、语言学家乔姆斯基都不约而同地指认了资本主义的发展逻辑必将引发环境危机（生态灾难）与核战争，因此，沃勒斯坦主张对资本主

---

① 张新宁：《经济危机与生态危机交困中的资本主义——2013 年纽约全球左翼论坛综述》，《马克思主义研究》2013 年第 10 期。

义进行革命转型①。总之，"生态灾难并非资本主义发展的偶然后果，而就是这个体系的内在因素，它与阶级剥削、贫困、种族主义和战争一样是资本主义体系所必需的"②。

著名的生态社会主义者米歇尔·洛维指出，从哥本哈根到里约以至多哈的国际气候大会与京都议定书的失败，根本就是资本主义体系的必然结果，资本主义制度下所有的企业、银行、政府以及像世界贸易组织、国际货币基金组织、世界银行之类的国际组织，其行为准则只有一个，就是资本的绝对律令：资本的无限扩张、谋取最大化的利润、不顾一切地投入争取更大市场份额的竞争。这种刚性法则是无情而且盲目的，这就是资本主义体系本身的"刚性法则"，资本主义真的在践行"我死后哪怕洪水滔天"这句名言。③

---

① 郑颖：《2013年全球"左翼论坛"综述》，《国外书刊信息》2013年第7期。

② Chris Williams, Ecology and Socialism, Chicago：Haymarket Books, 2010, p. 230.

③ Bernard Rioux, Michael Löwy, "It is necessary to propose a radical, anti-systemic, anti-capitalist alternative：ecosocialism", 来自 http://www. internationalviewpoint. org/spip. php? article2965。

对于资本主义能否解决全球气候变暖的问题,安格斯的观点非常明确,他指出,关键在于如何理解"解决"。应对全球变暖包括两个层面,一个是减缓,一个是适应。前者意味着减少温室气体排放,缓和全球变暖的趋势并实现最终的逆转。而后者却意味着,全球变暖已经不可逆转地发生了,人们只能适应新的气候条件以及与之伴随的气候混乱与灾难。安格斯的观点是,由于资本主义追求增长的嗜血本性,它只能将化石能源作为自己的主要能源源泉,这就意味着资本主义基本上不可能在减缓气候变化方面取得任何进展。科学家指出,如果全球气温升高2℃以上,就极有可能发生危险的气候改变,当前所有的发达国家都没有任何迹象来采取实质性的补救措施以阻止地球升温,它们所做的不是微不足道,就是已经太迟了。当然,即使气候真的实质性地发生了科学家所预期的那种改变,资本主义仍然可以适应新的气候条件,在资本主义历史上,它们在面对各种经济社会以及自然生态危机时总会有办法,而且这种办法总是老一套,那就是它会将危机的代价全部转压在最脆弱、最贫穷的国家和人民身上,到那时候,气候难民会成倍地增长、千百万人会因此丧命,帝国主义国家会为了控制世界上的资源能源与食物而再次与全球的南方开战,以及在帝国主义阵营内部互相开战,人们将会看到资本主义最野蛮的嘴脸。所以,安格斯认为,资本主义可以"解决"全球变暖,但是资本主义的解决方式对于世界绝大多数人口而言将是灾难性的。[1]

2013 年纽约全球左翼论坛上美国绿党的观点与安格斯的上述观点相呼应。他们指出,正如比尔·麦克吉本(Bill McKibben)在《全球变暖的可怕新算术》(*Global Warming's Terrifying New Math*)中所指出的:"要使全球温度升高不超过 2℃ 的临界点,全世界 80% 的化石燃料必须被禁止开采。但当这些价值 27 万亿美元的宝藏被大公司掌控时,无论它是国有的还是私有的,被禁止开采是不可想象的。"[2]因此,资本主义就是一列高速驶向环境末日的列车,它本身无法减速、无法停止,更无法回头,资

① Ian Angus, Three Meanings of Ecosocialism, http://www. international-viewpoint. org/spip. php？ article1366.

② 郑颖:《2013 年全球"左翼论坛"综述》,《国外书刊信息》2013 年第 7 期。

本主义应对环境危机的办法与应对经济危机的方法如出一辙，就是转嫁危机，美国绿党人士认为，"全球的有色人种和中低收入人群正在经历着环境的种族灭绝"①。

2013年12月举行的欧洲左翼党大会决议指出，对于如何应对和摆脱当前的金融危机，欧洲当权的自由主义和社会民主党给出的药方就是，不惜任何代价、尽快地将资本主义体系扳回正轨，即仍然回到基于供给政策的经济增长模式，但是，欧洲左翼党认为，这仍然是一种生产主义的观点，只是为了生产而生产，丝毫不顾及社会需要与环境后果。由于体系本身的内在矛盾，欧洲大陆正处于环境危机之中：北欧海平面的上升、地中海沿岸的旱灾、中东欧的气候改变与洪灾……所以，欧洲左翼党认为，现在必须要向资本主义体系的驱动力开战，即反对消费主义、增长取向与经济全球化，威胁人类解放甚至生存的罪魁祸首就是金融寡头与倡导"自由公平"竞争和贸易的理论家。在这次会议上，欧洲左翼党倡导社会应该向

① 郑颖：《2013年全球"左翼论坛"综述》，《国外书刊信息》2013年第7期。

生态社会主义转型,认为生态社会主义并不是一个乌托邦,而是人类对于资本主义死结的理性回应,在面对着当前的社会危机与生态危机——它们有共同的根源——双重挑战的情况下,生态社会主义是给人以希望的、有可能实现的另一种可能。①

2. 实现生态社会主义的战略步骤

关于在当前的世界背景下,生态社会主义者应该做些什么,米歇尔·洛维主张,生态社会主义者应该参与到一切反对资本主义的斗争中去,在参与的过程中,努力使得社会主义运动与生态运动相融合。生态社会主义者应该围绕着具体直接的目标而战,应该与争取气候正义的运动进行联合,在斗争过程中,能够促进为了气候改变和社会正义的大众运动以及人们在这些方面的意识觉醒。对于生态社会主义而言,争取到青年、妇女、工人以及工会的支持是至关重要的。洛维指出,尽管我们的对手非常强大,但是生态社会主义者仍然需要努力一搏,正如布

---

① European Left congress calls for ecosocialism,来自 http://climateand-capitalism. com/2013/12/15/european-left-congress-calls-ecosocialism/。

莱希特所说的,如果你斗争,可能会失败,但是如果你不斗争,你就已经失败了。[①]

《贝伦生态社会主义宣言》认为,只有绝大多数人都积极支持生态社会主义事业,对社会和政治结构进行革命性变革的过程才能够真正开始。劳工、农民、失地者和无业者,寻求社会正义的斗争与为争取环境正义而进行的斗争密不可分。我们必须对于清洁资本主义不抱任何幻想,我们必须向政府、企业和国际机构施压,以实现某些基本但关键而迫切的变革:温室气体的强制性大幅度减排,发展清洁能源,广泛提供免费的公交系统,逐步以火车代替卡车,制定清除污染规划,消除核能并制止战争的蔓延。[②]

必须明确的是,生态资本主义的解决途径在根本上是不可能的,因为当前环境危机的根源是社会体系的问题,并非依赖环境成本内在化、发展和使用新能源以及新

---

① Bernard Rioux, Michael Löwy, "It is necessary to propose a radical, anti-systemic, anti-capitalist alternative: ecosocialism", 来自 http://www.internationalviewpoint.org/spip.php? article2965。

② 《贝伦生态社会主义宣言》,聂长久译,《当代世界社会主义问题》,2010 年第 2 期。

的环保科技就能够解决的,总之,必须认识到,生态环境问题是社会的,而非技术的。在当前的形势下,人们应该积极投身政治,参与某个政治组织,进行反抗整个资本主义体系的斗争。威廉姆斯充满激情地鼓励大家,资本主义体系的维护者和当权者的确很有力量,他们有钱、有武器、有权力,但是他们人数很少,资本主义体系的受害者,那些遭遇社会不公和生态不公的人们却是大多数,如果我们不组织起来进行斗争,体系仍然会一如既往地运转下去,但是只要我们组织起来、联合起来进行斗争,事情就很可能会发生改变,正如雪莱所说的:"你们人数众多,他们却寥寥无几。"

（三）如何认识生态社会主义?

资本主义自产生至今已经有几百年的历史,它已经成为我们生存的一部分,是我们的"第二自然",然而这个以追逐利润为唯一和最高目标的体系却是一个自我蚕食的体系,它最终毁灭了自身生存和发展的条件,马克思那著名的断言——资本的敌人就是资本本身——在这里得到了极为鲜明的体现。面对这样一个自我毁灭的、不公正的体系,人们起而反抗是最自然不过的事情。马丁·爱普森充满激情地说道:这个"革命过程将会改变世界,而同时它也会改变我们。对于那些生活在一个可持续发展的社会主义世界中的人们而言,任何对自然拥有私有权的观念都是疯狂的"①。那么,从马克思主义的角度来看,生态社会主义具有什么样的地位作用和本质特征呢?

1. 生态社会主义是世界社会主义思潮中一个影响较大的流派

生态社会主义思潮和运动是在世界社会主义低潮中顽强生存并逐渐发展起来的,这足以证明它的发展潜能。之所以说它是当代世界社会主义思潮中一个影响较大的流派,原因有二:首先,大多数生态社会主义者都力图将马克思主义作为自己分析当代资本主义经济社会危机和生态危机的理论话语。尽管在每个人的具体运用方面存在着差异(有的认为马克思主义理论应该得到生态思想的补充,有的认为马克思主义本身就包含生态思想),但是他们都普遍承认马克思主义在分析当代资本主义问题

---

① Martin Empson, Land and Labour: Marxism, Ecology and Human History, London: Bookmarks Publications, 2014, p. 296.

中的有效性,这就确保了他们斗争方向的批判性。其次,生态危机是反对资本主义的一个绝佳的斗争主题。苏联解体、东欧剧变之后,传统社会主义模式渐失人心,20 世纪 90 年代后期以来,新自由主义主导下的资本主义经济危机不断,尤其是 2008 年金融危机以来,资本主义国家普遍实行的紧缩政策激起了发达国家民众的不满,资本主义的颓势已经不可避免,在这双重的失望之下,生态社会主义者以生态批判作为反对资本主义的突破口,有利于激发人们社会主义意识的觉醒,有助于人们看到未来的希望。同时,进入 21 世纪以来,全球范围内的生态环境危机进一步加剧,已经演变为全球气候变化的危险,资本主义国家在一国范围内、地区范围内以及世界范围内遏制危机的措施屡遭失败,使得全世界人民更加清楚地认识到帝国主义的本质,反全球化运动此起彼伏,生态社会主义者抓住这个斗争的时机,倡导反抗资本主义运动的全球合作,对于振兴世界社会主义运动是一个有利的同盟军。

2. 生态社会主义在社会主义替代资本主义的原因本质方面认识不清

生态社会主义者认为,当代的生态危机与经济危机一样成为社会主义必须替代资本主义的原因。的确,在资本主义全球化背景下,世界范围内的生态危机愈演愈烈,尤其是在面临着全球变暖这样一个迫在眉睫的危险之时,资本主义所造成的生态恶果愈益彰显出来,如果不推翻资本主义,人类社会的未来就极为堪忧。但是,生态危机并不是资本主义要被推翻的根本原因,正如马克思在《资本论》中天才论证的那样,资本主义必然会被社会主义(共产主义)所替代的根本原因就在于它对剩余价值的无限追逐、资本主义的生产资料私有制已经无力容纳社会化大生产的要求,它的生产力发展与生产关系、上层建筑之间的矛盾决定了它必然灭亡的命运。在本质上来看,生态危机是资本主义经济危机的必然结果,生态社会主义将生态危机与经济危机等量齐观,用资本主义的"第二重矛盾"去补充"第一重矛盾",有将现象与本质相混淆的倾向。

3. 生态社会主义中的反生产主义倾向与马克思主义基本精神不相容

生态社会主义者中间普遍存在着一种反生产主义的倾向,这与生态社会主义同绿色运动、深生态学、社会生态学、绿色工联主义等绿色思潮千丝万缕的联系有关，尽管它并不像其他绿色思潮那样坚定地反对生产，但是却普遍认为人类社会应该节制生产、缩小生产规模，以避免触及生态红线，而马克思主义却是建立在社会化大生产基础之上的科学理论。我们必须清晰地认识到，即使到了当代，广大发展中国家和落后国家仍然有许多人生活在贫困线之下，生产和技术并非生态危机的元凶，资本主义制度造成的单纯追求利润的生产以及分配的严重不公才是造成"富者越富、穷者越穷"等一系列恶果的根源，为了使得全世界的穷人都过上丰裕的生活，不是要抽象地反对生产，而是要反对资本主义的生产方式与分配制度。在这个方面，生态社会主义具有较强的后物质主义、后现代主义色彩，具有发达国家中产阶级意识形态的特点。

4. 社会变革的阶级力量在生态社会主义与马克思主义之间是有原则性差别的

发达资本主义国家的新社会运动是生态社会主义诞生的母体。20 世纪 90 年代以前的生态社会主义者普遍认为，随着资本主义的当代发展，工人阶级不再是反抗资本主义的主要力量,他们把希望的目光寄托在中产阶级身上,90年代之后,这种立场发生了较大的变化,佩珀、克沃尔等一批生态社会主义者强调生态斗争中阶级对抗的重要性,但是他们所说的阶级斗争与马克思恩格斯时代——产业工人组织起来、在无产阶级政党的领导下向资本主义体系开战——相比,已经有了非常大的不同。他们所说的阶级代理者虽然也包括无产阶级,但在更大程度上,是与世界范围内反全球化运动的代理者相重合的,概而言之,是在各个方面被不公正对待的那些人。不可否认,这些人的确是反对资本主义的很重要的社会力量,但是反抗者之间却并没有坚固的经济和政治链接,其分离性、松散性、短暂性和不稳定性显而易见。金融危机以来,世界各地频频爆发的"占领运动"的产生发展过程就是一个很好的例证。当代资本主义的发展使得工人阶级发生了许多新变化,但是这些新变化是不是可以消解工人阶级作为一个阶级的主体地位?是不是使得阶级斗争在当代已经失去了效力?如果不是,工人阶级又如何作为一个阶级来承担推翻资本主义的历史使命?这是非常值得研究的一个大课题。生态社会主义把斗争的关注点集中于社区反抗,过分强调"反对集权"以及对非暴力直接行动的偏爱等,都使得它有别于经典马克思主义的阶级斗争理论。同时,虽然克沃尔等人也提出了要建立生态社会主义政党,但是与马克思主义所强调的由无产阶级先锋队——共产党——来领导阶级斗争的观点相比,仍然缺少科学性与可操作性,从而具有原则性的差别。

5. 生态社会主义的斗争策略和远景规划都带有一定的空想色彩

生态社会主义对于资本主义的批判虽然切中要害,但是在现实斗争设计和对社会主义替代方案的规划方面又比较抽象。以克沃尔为例,他在对未来社会主义设计中可以算作生态社会主义阵营中最为激进的一脉了。然而,他主张将媒体工人作为生态社会主义革命的依靠力量,"媒体工人可以通过互联网建立一个符合生态社会主义特征的抵抗全球化运动的独立媒体中心"①,把希望寄

---

① 刘仁胜:《生态马克思主义概论》,中央编译出版社,2007,第110页。

托在类似于"萨帕塔社区、基维斯塔社区、独立媒体中心、全球农场主政治联盟、教师协会、社区信用社以及类似兄弟会的组织,等等"[①];对于变革的近期目标,克沃尔的观点是,先发展一些具有自治色彩的社区组织,逐渐实现这些自治社区之间的联合,并扩展至全世界的范围,联合起来对抗资本主义的镇压。这些观点的空想性是显而易见的。

（四）生态社会主义对我们的启示

1. 生态社会主义有助于深刻认识当代资本主义全球化的本质,有利于世界社会主义运动的复兴

21 世纪以来,以新自由主义为圭臬的资本主义全球化运动,表面上打着"自由民主"的旗号,但实际上给全世界各国人民,尤其是发展中国家人民带来的只有灾难。生态社会主义者雄辩地指出,资本主义不仅是全世界经济社会危机的始作俑者,更是全球生态危机的元凶。许多生态社会主义者都喜欢引用"要么生态社会主义,要么

---

① 刘仁胜:《生态马克思主义概论》,中央编译出版社,2007,第 114 页。

走向蛮荒"这句话,资本主义的生产方式、消费方式以及蔓延全球的生态帝国主义,使得资本主义在自我毁灭的同时,也彻底摧毁了人类赖以生存的基本条件。生态社会主义思想让我们清醒地认识到,无论是经济危机还是生态危机,资本家阶级总是会将危机的代价转嫁于劳动者阶级,全球的北方(发达国家)总会把危机的代价转嫁于全球的南方(发展中国家与落后国家),气候变化等一系列环境问题所产生的生态难民总是那些落后国家的穷人,生态社会主义运动积极谋求与全球反资本主义的左翼运动、第三世界争取实现社会主义的民族运动、全世界的反全球化运动的联合,力图打造新世纪反抗资本主义最广泛的人民统一战线,这些思路对于我们振兴世界社会主义运动而言都具有重要的启示意义。

2. 生态社会主义对我国社会主义生态文明建设具有借鉴意义

我国是由中国共产党领导的、人民民主专政的社会主义国家,在较长的一段历史时期内,实行社会主义市场经济体制。这些基本国情决定了我国在建设社会主义生态文明方面具有必要性与可能性。就必要性而言,由于经济主体的多样化以及市场竞争的需要，我们在社会主义市场经济发展过程中，也出现了一些唯利是图、不计社会成本与生态环境成本的经济主体和经济活动，对我国的环境质量造成损害；同时，由于我国传统上延续了苏联注重发展重工业的发展模式，资源能源缺口较大，20世纪90年代以来，我国的经济增长逐渐转向为出口导向拉动，成为世界著名的加工厂，也加重了资源能源的耗费和环境污染，这些实际情况促使我党做出了建设社会主义生态文明的战略决策。就可能性而言，我国是社会主义国家，在生产资料所有制方面，必须实行公有制为主体，正如生态社会主义所主张的，生产资料公有制是彻底对抗生态危机的根本所在，我国具备这个基本前提，为建成社会主义生态文明奠定了基础。而且更为重要的是，我国的执政党中国共产党代表着最广大人民的根本利益，以为人民服务作为宗旨，能够采取有力措施遏制环境危机的蔓延，这也是许多国外的有识之士对中国治理污染和改善环境抱有乐观预期的原因所在。

具体而言，生态社会主义对我国建设社会主义生态文明的启示有以下几点：首先，我们必须坚定地坚持社会主义公有制的主体地位,这是建设社会主义生态文明的根本所在;其次,我们应该抵制市场经济所带来的负面影响,在坚持社会主义核心价值观的基础上,树立正确的消费观;再次,我们应该在发展社会主义市场经济、提高人民群众生活质量的同时,切实注重保护和改善广大人民群众的生产生活场所的生态环境,认识到给人民群众提供优良的生态环境是提高人民生活质量的重要内容;最后,我国要在国际经济合作中,尤其是在与第三世界国家进行的经济合作项目中,切实注重保护当地的生态环境、切实做到不转嫁生态环境代价,同时积极支持第三世界人民争取生态正义与社会正义的反资本主义运动。与此同时,我国应该广泛开展世界范围内的生态环境项目合作,积极为全球生态改善做出贡献。

四　中国:建设社会主义生态文明

中国传统中有着丰富的尊重自然、保护生态的思想资源,中国传统中提倡节俭的生活方式也有利于人与自然的和谐。在当代,中国共产党致力于经济社会发展的同时,也对生态环境问题格外重视,提出要建设社会主义生态文明。生态文明与社会主义的融合有望在中国的实践中得以实现。

(一)中国传统中有益的生态自然观

中国数千年的传统社会是以小农经济为基础的农业社会,人们的生产生活直接与以土地为中心的自然界发生密切的关联。人们的自然观与社会的伦理观、道德观一起成为长期以来影响人们生产生活的基本社会观念。学界对中国传统社会自然观的论述一般集中于道家"道法自然",儒家"天人合一",佛家"众生平等"、"慈悲为怀"、"戒杀生"等思想方面,这些都包含着实际的生态智慧,可资继承、借鉴和弘扬。

第一,道法自然的生态观。老子《道德经》中说:"人法地,地法天,天法道,道法自然",道是先天地而生,且为天地母的、不知名的存在,而强为之名曰"道"。"道"作为一个超验的存在,从中化生出宇宙、自然、人世间的一切秩序与联系。道法自然,并不是说自然界高于道,因为自然界也是由道化生而来。而是说,道的运行不受人为控制,属于天地之间至高的、形而上的自然而然,所以不能把这里的法"自然"理解为实体的自然界。老子认为,对人类社会与自然界而言,最理想的状态就是任其自生自灭、独立运行而不加干涉。老庄把"法自然"的思想推到极致,提倡"无为"而"绝圣弃智",从而使人与自然界完全融为一体,人成为与鸟兽虫鱼平等的自然界的一员。《庄子》中说:"天地与我并生,而万物与我为一。"庄子进一步将"人与天一"的思想发展为"物我两忘",庄周梦蝶使庄子忘记自己到底是庄子还是蝴蝶。在老庄的思想中,人类社会与自然界的运行规律应该是一致的,人们的生产生活以至生死大事都要顺应自然规律,不可强求。在道家的观念中,理想的社会状态应该是小国寡民,理想的人与自然之间的关系是任其自然。反对人对外界用强用力,所以在很大程度上,道家的自然观反对人的主体意识与主体作用的发挥。在当代,道家的自然观契合了许多西方的深生态学家以及后现代主义者对自然返魅的追思、对生命伦理的渴求,而成为他们努力挖掘的思想资源之一。但由于工业文明对人类社会的改造力量是如此强大,以至于人类已经无法回到过去,回到原初的、大道运行的状态,或许老庄之"道"只是作为一种精神智慧才可以存在了。

第二,天人合一的自然观。天人合一的思想实际上乃万物一体的整体论自然观的反映。中国传统儒家讲的"民胞物与"(语出张载《西铭》),即不仅天下人都是我的兄弟,天下的物也都是我的同类,这就决定了个人对待他人与自然万物的态度。"民胞物与"是"天人合一"、"万物一体"观念在伦理层面与生活实践层面的反映。根据蒙培元的观点,天人合一归根结底还是人类中心主义的,但天人合一、万物一体基础上的人类中心主义要求人作为有自我意识的个体,要以"民胞物与"的态度对待他人与他物,这是一种"责任感",是一种"被要求的自我意识"。"人之所以有权利以人为主体和中心而利用自然物……以维持自己的生存,乃是因为处于一体的万物合乎自然的有自我意识和无自我意识、道德主体和非道德主体的价值高低之分，这种区分是万物一体之内的区分。"① 而杜维明也指出，"一个人欲达到天人合一的境界需要不断进步和修养。我们可以把整个宇宙融入我们的感悟中，是因为我们的情感和关怀在横向和纵向地朝着完善的方向无限地发展"。② 从以上对天人合一的理解，我们一方面看到了中国儒家自然观的有机性与整体性，另一方面也体会到，天人合一的运用需要每个作为个体的人用智用力地去修养、努力，甚至克制，以达到"民胞物与"的伦理要求，也就是说，天人合一的境界不是自动完成的，它体现在人对自然界的利用中，体现在人不断提升的修养中。与道家相比，我们在儒家这里更多地看到了人的主动性（包括克制在内）的发挥，从而使它在当代世界中具有更强的实践意义——如何在物欲横流的消费社会、消费文化中对自然保持一份尊敬与不忍之心，需要我

① 蒙培元：《中国的天人合一哲学与可持续发展》，《江海学刊》2001年第4期。

② 杜维明：《存有的连续性：中国人的自然观》，刘诺亚译，《世界哲学》2004年第1期。

们主动地克己,需要我们不断地提升修养,从而善待他人与自然万物。

第三,众生平等与业报轮回的佛教自然观。佛教传入中国后,虽几经流变,形成各派各宗,但其基本的思想仍然具有内在一致性。魏德东认为"无情有性,珍爱自然"是佛教自然观的基本精神。[①] 佛教在众生平等、生命轮回与业报说的基础上形成了素食、不杀生以及放生等对生态保护有直接作用的实践活动。而且,在有的宗派中,佛教还提倡苦行、禁欲。佛教在中国传播广泛,亦有众多信奉者。尽管佛教同其他宗教一样,在总体上具有宗教意识的局限性,但从自然生态的角度而言,佛教思想却具有积极的意义指向。

以上关于儒释道自然观的简单概括仅仅停留在学理层面,而决定人与自然关系实际进程的却是广大劳动群众的生产生活实践以及相应的习惯、风俗、禁忌等,所以,我们以下将在实践的层面展开分析。

事实上,自从有了人类,有了人类活动,自然界就开

---

① 魏德东:《佛教的生态观》,《中国社会科学》1999 年第 5 期。

始逐渐为人所改变。在中国这片土地上，自古以来由于人口密度较大，人们为保证其基本的吃饭、穿衣需要就必须对自然界进行很多索取。历史上，由于人口的偏聚、战乱以及时发的自然灾害，许多地方已经遭到生态环境的破坏。清乾嘉时期出现人口猛增，华北平原、汉江地区、大别山区、秦巴山区、云贵山区与东南丘陵等地遭到掠夺式开垦，使北方沙漠化增强、长江旱涝灾害频发。鸦片战争以后，随着帝国主义的入侵与连年战乱，东北、东南地区的林木资源遭到入侵者的滥伐，珍贵鸟兽等动物资源在战乱中被破坏，自然灾害增加①。虽然如此，由于中国传统社会经历了漫长的几千年，主要是农业生产为主，商业发展缓慢，工业更是到了近代才开始出现，所以，在很长的历史时期内，相对于工业文明对自然界的剧烈改变与破坏，农业文明对自然界的影响是缓慢的。虽然局部有破坏，但远非资本主义工业化所造成的、冲决一切的、洪水般的改造力量。而且由于其缓慢，自然界有足够的

---

① 罗桂环、舒俭民编著《中国历史时期的人口变迁与环境保护》，冶金工业出版社，1995，第 4 页。

时间恢复、调整、适应。

在日常生活中，传统中国人在农业生产与衣食住行等方面也形成较为独特的习惯与风俗，体现了人与自然整体平衡、协调的观念。在农业生产中，春种、秋收、冬藏，顺应四时。社会活动也与四季相应，比如处决犯人一般会选在"主肃杀"的秋冬时节，以与万物萧条相对应。各种习俗也适应天地、时节以及人自身的阴阳平衡，比如端午节的风俗，民间以阴历五月为"恶月"（值此时节，骄阳酷暑、毒虫病菌使疾病流行），在端午节，人们喝雄黄酒、采集艾草置于室内，以祛病、防邪、驱毒。古人认为，"自然界的季节更替、时气变化和阴阳消长，既支配和决定着万物的生长，也深刻影响了人类的生活节律和生命健康"。人们根据时节来调整自己的生产、生活活动。"早在先秦时代，中国就已经形成了相当完整的月令图式，与当时的历法互为表里，用以指导一年之中的各种活动，其中不仅告诉人们不同季节月令的环境特征，而且规定了不同季节时令应当如何安排国事、家政，如何安排日常生产和生活，规定了哪些是应该做的事情，哪些是应当避忌和不应该做的事情……在传统社会，差不多每个乡村、每个家庭都有一套与当地生态环境相适应的生产和生活月令，构成古代社会生活的基本节律，不论是早期的《夏小正》，还是后代的农家历书，或者古代月令式的农学著作如《四民月令》、《四时纂要》、《授时通考》，所勾画出来的都是农业社会根据季节更替，寒暑往来，植物荣枯、动物启蛰而兴止作息的生命活动图景。"①农业社会中人们主动积极适应自然时节和具体生态环境的思想与实践，是由农业生产方式本身的特点和规律所决定的。虽然在今天看起来不一定有科学依据，但其顺天应时、积极预防各种不利因素的做法，不仅对人本身而且对外界自然环境都起到一种保护、维持与延续的作用。在更深的层次上，这是万物一体的自然观在生产生活中的具体体现。由于农民直接同土地和自然界的各种生物接触，所以更容易形成生命息息相关的整体与协调的世界观。而在工业化时代，那些居住于高楼大厦之间，远离土地与自然的现代人，则缺乏这种生命体验的细腻与敏感。在后

---

① 王利华：《环境威胁与民俗应对——对端午风俗的重新考察》，《中国历史上的环境与社会》，三联书店，2007，第466～467页。

现代的语境下,作为一种体验生命的方式,甚至一种休闲方式的返璞归真,不足以完成对整个工业文明世界观进行改造的任务,因为做几天农民与做几年农民甚至做一辈子的农民,在对待自然、对待生命的理解上不可能相同。

当代中国,我们只能站在一个现代人的立场上去发掘传统社会自然观的生态意蕴。许多习惯和风俗随着农业社会的没落,或消亡或式微,即便它曾经对中国人的内心生活及人与自然的关系做出过很好的调整,在今天看来也只是明日黄花,对它的追忆在某种程度上只能以乡愁的姿态展现。然而,去尽历史的浮华与尘埃,中国人仍然以简朴的生活方式著称于世,当然,这更多的是一种物质保障的考量,而较少形而上的意蕴,但无论如何,在经受几次大的西方式现代化冲击之后,简朴的生活观念仍然在中国大地上有市场,这对生态环境保护而言是一个积极的信息。有学者认为,现代社会让人们面临双重危机,一是内在心灵空虚无着落的危机,一是外在生态环境日益恶化的危机,所以人就要进行双重变革:一是改造内心,一是更少地向外界索求,而二者的交遇点就是简朴的生活方式。所以,"在这一个简朴生活运动中,个人与社会应回归生活意义的起点,真诚地面对自己,以欲望与身体为原初的意义场域与动力,回归到心灵与自然相遇的纯朴之境,正其心,诚其意,进而用丰富的文化活动和艺术表现来熏陶并开展此一意义动力。"①虽然单纯依靠内心修养来过简朴生活的号召在当代社会物欲横流的浪潮中缺乏力量,然而除了社会公共权力施行的法制与教育功能之外,个人的内心修养也是一种德性的必需。伦理与道德的养成在许多法律与行政无法涉足的社会领域会起到良好的作用,比如日常生态环境的保护就非常需要这样一种内在的约束力。

在我国广大的少数民族地区,依然保存着许多古老的习俗和禁忌,这些习俗和禁忌非常有利于保护生态环境。比如在狩猎民族中,有些约定俗成的规范比如不捕杀幼兽、少捕杀母兽,秋冬狩猎、春夏禁猎以给动物留出成长的时间,等等。在森林保护方面,各地的少数民族由于合理的种植与利用森林资源,形成了良性循环的农业

---

① 沈清松:《论心灵与自然的关系之重建》,沈清松编《简朴思想与环保哲学》,立绪文化事业有限公司,1997,第25页。

生态系统,这些经验也对我们有借鉴意义。

中国传统文化与生产生活实践中的生态元素对我们的启示最核心的一条即人类的生产生活方式应该合乎自然生态规律,只有这样才能有益于自然界的良性持存和人类的健康发展。

在生产方式方面,第一,在任何生产活动中都要将自然界的承受极限作为必须考虑的因素之一,这个极限既包括生产活动中资源能源开采利用的极限,也包括生产活动所产生的废水、废气、废物等排放物引起的生态后果的极限。要防止过度开采、过度利用,要给自然界以休养生息的余地,比如在空间上要留有自然保护区域,对其不开发或少开发,在时间上要留出必要的自然生态修复的时间。第二,要在生产活动中积极适应自然规律,研究开发环境友好型、资源节约型的新技术、新方法,使之应用于生产之中,以达到节约资源、保护环境、促进生态优化的效果。

在生活方式方面,第一,要保持人口、资源、环境之间的动态平衡。研究表明,中国国土资源能够承担的最多人口数量为 16 亿左右,而我们正在接近这个最后的红线。人口的过度增殖造成了土地的荒漠化危机和水危机，这又必然威胁着人类的持存。第二，现代人应该逐步形成符合自然生态规律的生活方式，我们以吃、穿、住、行为例来具体说明。在吃方面，随着各种栽培饲养技术的发展，更由于市场经济利益的驱使，人们一年四季均能购买到各种反季节植物、动物食品，但这些食品的生成隐含着大量激素、抗生素的使用（在相当程度上是违反国家标准的使用）和违反自然规律的种植和养殖（比如许多动植物的生长期都令人惊讶地缩短了），长期食用此种食品，必然对人体健康造成损害。现代有机食品的标准中很重要的一项即符合自然生长规律，而不赞同催生、催熟的食品。在穿方面，反对过度消费，以减轻资源压力与环境压力。在住方面，以我国传统的观点来看，楼房远不如平房对健康有益。楼房如空中楼阁，上不接天，下不接地，使人不能与自然为一，影响人体物质能量的微循环，而平房则上接阳气，下接地气，从而使人体达到阴阳协调，但现在由于城市中人口激增，住平房成为无法企及的奢望，所以必须在城市规划上多做一些有益生态环境与人体健康的研究，比如分散化、卫星城等措施。人们的居住条件符合生态原则与健康原则也是建设生态城市的重要内容之一。在行方面,要大力提倡绿色出行,多走路、多骑自行车、多乘坐公共交通工具,少开私家车,以减少温室气体排放。

(二)生态环境形势严峻

21世纪以来,伴随着我国经济的持续高速发展,城市化和工业化的进程不断加快,资源能源消耗量日益加大,环境污染、生态退化日益严重。有研究表明,我国正处于环境库兹涅茨曲线压力最大的阶段。所谓的"环境库兹涅茨曲线",正如上文提到过的,指的是在一国快速工业化时期会有一个环境污染与国内生产总值同步高速增长的阶段,但是当GDP增长到一定程度,随着产业结构升级、环保措施的加强以及居民环保意识的增强,污染水平在到达转折点后会随着GDP的增长而逐步回落。但是曲线拐点不是自然到来的,一旦突破生态环境的底线,经济增长根本无助于环境的改良①,目前中国就处于经济高速

---

① 《我国处在环境库兹涅茨曲线压力最大阶段》,中国环保网,http://www.chinaenvironment.com/view/ViewNews.aspx? k=20080513093201328。

增长与环境承载力之间矛盾的最大化阶段,所以是否能够实现拐点之后的发展,关键看这一阶段的经济政策调整、资源能源环境消耗、环境修复和生态保护的措施是否都能取得切实的效果。在这个压力最大的阶段,如果不能保住生态环境最后的红线,那么一切发展成果都可能付之东流。从这个总体形势来看,中国生态环境问题的重要性可想而知。

中国国家环保部的 2013 年度《中国环境状况公报》显示,尽管我国生态环境质量总体稳定,但是水环境、空气质量、土壤环境的形势都十分严峻。雾霾天气在中国城市中成为常见的天气状况。根据《环境空气质量标准》对二氧化硫、PM10、PM2.5 等六项污染物进行的评价,全国 74 个按照新标准实施空气质量监测的城市,达标比例仅为 4.1%。10 个空气质量最差的城市中有 7 个在京津冀地区,分别是邢台、石家庄、邯郸、唐山、保定、衡水和廊坊,该地区综合达标城市数量为 0,PM2.5 平均浓度为 106 微克/立方米。北京全年达标天数比例为 48%,PM2.5 年均浓度为 89 微克/立方米。关于水环境,在 4778 个地下水监测点位中,较差和极差水质的监测点比例为 59.6%。① 中国国家环保部的 2014 年度《中国环境状况公报》显示,关于空气质量,全国开展监测的 161 个城市中,16 个城市达标,145 个城市空气质量超标;470 个降水监测的城市中,酸雨城市比例占到了 29.8%。在对全国的河流湖泊水库进行水质监测的 968 个点中,四、五级和劣等共占到了 36.9%,4896 个地下水监测点位中,较差级的监测点比例为 45.4%,极差级的监测点比例为 16.1%。海域监测中四类和劣等共占到了 26.2%②。土地环境方面,除了每年净减 8 万多公顷耕地之外,全国土壤污染状况严峻。水污染、空气污染、土壤污染对粮食产量、食品安全和人民健康造成了严重威胁。

随着经济社会的快速发展,人民群众的生活水平日益提高,身体健康与环境质量之间的关联越来越引起了

① 2014 年 6 月 4 日上午,国务院新闻办举行新闻发布会,环境保护部副部长李干杰介绍环境质量状况,并答记者问。新华网,http://news. xinhuanet. com/live/2014~06/04/c_1110980565. htm。

② http://jcs. mep. gov. cn/hjzl/zkgb/2014zkgb/201506/t20150605_302991. htm.

人们的重视。一方面，健康养生成为各种传统媒体以及互联网的微博、微信等的热门话题，出于健康的考虑，人们的环保意识和生态保护的思想都较快地成长起来。人民群众对诸如空气质量、食品安全、饮用水安全等一系列与民生密切相关的问题强烈关注，并就国家的环境保护政策、措施及其实施等问题在各种传统媒体、互联网上发表言论、阐述观点，由此可见，生态环境问题成为普通群众参政议政的一个突破口。同时，重特大疾病发病率的增高与环境质量之间的联系也加强了人们的关注程度。另一方面，21 世纪以来，随着人们环保意识的提高，环境维权和相关的环境诉讼案件激增，全国各地群体性事件的三大诱因就包括环境污染（另外两项是违法征地拆迁、劳资纠纷）。据统计，自 1996 年以来，环境群体性事件年均增长 29%，2011 年，环境重大事件与上年相比增长 120%。从这些方面可以看出，环境问题与社会安定密切相关。2015 年农历春节刚过，前央视记者拍摄的关于空气污染的纪录片再次引发了全民对生态环境问题的关注，广大人民群众从各个角度对环境污染的成因以及解决途径展开热议，甚至有人发出了"不惩治腐败要亡党亡国,不消除环境污染、不保护好生态环境也要亡党亡国"①这种振聋发聩的声音。总而言之,在生态文明建设方面的成败得失对于中国共产党执政的重要性是不言而喻的。2014 年 12 月的中央经济工作会议指出,从资源环境约束看,过去能源资源和生态环境承载空间相对较大,现在环境承载能力已经达到或接近上限,必须顺应人民群众对良好生态环境的期待,推动形成绿色低碳循环发展新方式。

(三)新时期生态理念的逐步树立

以马列主义、毛泽东思想和邓小平理论为指导思想的中国共产党,奉行全心全意为人民服务的宗旨,在科学发展观的指导下,以中国梦为理想蓝图,带领中国人民建设社会主义现代化强国,生态环境问题是在这个发展过程中碰到的新问题。对这样一个与国计民生密切相关的现实问题,我们党历来十分重视。党的十五大报告明确提出实施可持续发展战略,党的十六大以来,在科学发展

---

① 《对话国家环保局首任局长、山东人曲格平:"改革利益集团是治霾关键"》,《齐鲁晚报》2014 年 3 月 24 日。

观指导下,党中央相继提出走新型工业化发展道路,发展低碳经济、循环经济,建立资源节约型、环境友好型社会,建设创新型国家,建设生态文明等新的发展理念和战略举措。党的十七大报告进一步明确提出了建设生态文明的新要求,并将到2020年成为生态环境良好的国家作为全面建成小康社会的重要要求之一。党的十七届五中全会明确提出要提高生态文明水平,"绿色发展"被明确写入"十二五"规划。党的十八大报告首次单篇论述生态文明,首次把"美丽中国"作为未来生态文明建设的宏伟目标,把生态文明建设摆在五位一体的高度来论述,表明我们党对中国特色社会主义总体布局认识的深化。中国政府在《2012年中国人权事业的进展》白皮书中,首次将生态文明建设写入人权保障之中。其实中国早在20世纪90年代初就制定了可持续发展战略,这标志着中国决策层的环境意识是与世界发达国家同步的。习近平总书记对于生态文明建设非常重视。他强调,建设生态文明,关系人民福祉,关乎民族未来。要以对人民群众、对子孙后代高度负责的态度和责任,真正下决心把环境污染治理好、把生态环境建设好,努力走向社会主义生态文明新时代,为人民创造良好的生产生活环境。要充分认识到生态文明建设是保持经济社会持续健康发展的唯一出路,不能把生态文明建设当成一句空洞的口号,依然固守"GDP 至上"的旧思维,必须用新的理念、新的思路、新的方式去解决目前面临的复杂艰巨的生态环境问题,使经济社会活动对生态环境的损害降低到最小程度,实现经济效益、社会效益和生态环境效益多赢。习近平总书记高度重视环境问题引发的群众健康问题,他强调,环境保护和治理,要以解决损害群众健康的突出环境问题为重点。坚持预防为主、综合治理,强化水、大气、土壤等污染防治,着力推进重点流域和区域水污染防治,着力推进重点行业和重点区域大气污染治理。

习近平同志提出了严守"生态红线"和"既要金山银山,也要绿水青山,绿水青山就是金山银山。绝不能以牺牲生态环境为代价换取经济的一时发展"的重要思想。习近平同志在海南考察时指出,良好的生态环境是最公平的公共产品,是最普惠的民生福祉。他强调,要牢固树立生态红线的观念,在生态环境保护问题上,不能越雷池一步,否则就应该受到惩罚,"要像保护眼睛一样保护生态环境,像对待生命一样对待生态环境。对破坏生态环境的行为,不能手软,不能下不为例"。2013年9月7日,习近平在哈萨克斯坦纳扎尔巴耶夫大学发表演讲后回答学生提问时说:"我们追求人与自然的和谐,经济与社会的和谐,通俗地讲就是要'两座山':既要金山银山,又要绿水青山,绿水青山就是金山银山。我们绝不能以牺牲生态环境为代价换取经济的一时发展。"习近平对"两山论"进行了深入分析:"在实践中对绿水青山和金山银山这'两座山'之间关系的认识经过了三个阶段:第一个阶段是用绿水青山去换金山银山,不考虑或者很少考虑环境的承载能力,一味索取资源。第二个阶段是既要金山银山,但是也要保住绿水青山,这时候经济发展和资源匮乏、环境恶化之间的矛盾开始凸显出来,人们意识到环境是我们生存发展的根本,要留得青山在,才能有柴烧。第三个阶段是认识到绿水青山可以源源不断地带来金山银山,绿水青山本身就是金山银山,我们种的常青树就是摇钱树,生态优势变成经济优势,形成了浑然一体、和谐统一的关系,这一阶段是一种更高的境界。"

习近平同志的执政理念对中国生态文明建设具有关

键的作用。众所周知，改革开放之后，尤其是在 20 世纪 90 年代提出可持续发展战略，我们党对于生态环境问题的认识就已经与世界发达国家的环保理念相同步了。可以说，我国生态环境保护的理论是先进的、科学的，也就是说中国共产党对于生态环境保护的重要性的认识是非常深刻的，但是由于特殊历史时期对于经济增长速度的片面强调，先进的环保理念并没有变成实践中的行动，这是中国环保问题的症结所在。有法不依、执法不严，始终是中国环保事业的沉疴。而在这个症结的背后，却是利益集团、官商勾结等腐败分子和非法行为在作祟。腐败成为当前历史时期经济结构调整、法治化、生态文明建设、社会公信力建设等各种社会问题的扭结点。推进中国社会主义经济体制、政治体制等各方面改革的深化发展，在新的历史时期凝聚共识、团结人心，就必须以腐败问题为突破口。以习近平为总书记的党中央铁腕反腐，打击污染企业与地方官员的利益勾结，保障了环境保护法制与各项措施落到实处，对于促进社会生态改善、保护环境具有重要意义。

2015 年 10 月的中国共产党第十八届中央委员会第

五次全体会议将"绿色发展"作为五大发展理念之一,可见"十三五"规划将生态文明建设放在了一个前所未有的高度上。全会提出,坚持绿色发展,必须坚持节约资源和保护环境的基本国策,坚持可持续发展,坚定走生产发展、生活富裕、生态良好的文明发展道路,加快建设资源节约型、环境友好型社会,形成人与自然和谐发展现代化建设新格局,推进美丽中国建设,为全球生态安全作出新贡献。促进人与自然和谐共生,构建科学合理的城市化格局、农业发展格局、生态安全格局、自然岸线格局,推动建立绿色低碳循环发展产业体系。加快建设主体功能区,发挥主体功能区作为国土空间开发保护基础制度的作用。推动低碳循环发展,建设清洁低碳、安全高效的现代能源体系,实施近零碳排放区示范工程。全面节约和高效利用资源,树立节约集约循环利用的资源观,建立健全用能权、用水权、排污权、碳排放权初始分配制度,推动形成勤俭节约的社会风尚。加大环境治理力度,以提高环境质量为核心,实行最严格的环境保护制度,深入实施大气、水、土壤污染防治行动计划,实行省以下环保机构监测监察执法垂直管理制度。筑牢生态安全屏障,坚持保护优先、自然恢复为主,实施山水林田湖生态保护和修复工程,开展大规模国土绿化行动,完善天然林保护制度,开展蓝色海湾整治行动。① 其中值得关注的几个亮点在于:一是提出构建生态安全格局,首次提出"全球生态安全",这意味着把生态环境问题放在了经济社会发展的前提性、基础性的地位上,而改变了原来通常认为的生态环境属于附属性的观念;同时,建设美丽中国,为全球生态安全作出新贡献的说法,也表明中国具有了更为自觉的全球生态观,愿意为全球生态安全承担应尽的义务和相应的责任。二是首次提出"实行最严格的环境保护制度","保护优先、自然恢复为主",这意味着中国将重视环境保护的制度化、法治化、规范化,加大环保执法的力度,以治愈环保工作中长期存在的"有法不依、执法不严"的沉疴,而且,这种提法表明今后将会更强调预先保护生态环境,以此鲜明地区别于过去那种"先污染、后治理"的思路。三是强调低碳循环发展,实施近零碳排放区示范工

① 《中共十八届五中全会公报》,http://www.caixin.com/2015~10~29/100867990_all.html#page2。

程,这意味着今后将在环保科技的研发和应用上投入更多的人力物力,同时也对全体国民生产、生活理念的更新提出了更高的要求。

(四)社会主义生态文明建设正在成为自觉的实践

第一,环保管理越来越得到重视,这可以从国家环保部的变迁得到印证。1988年国家环保局升格为国家直属局,副部级单位。1998年环保局升格为国家环保总局,正部级单位。2008年成立环境保护部,成为国务院组成部门之一。环保部门这一不断升格的过程,除了表明生态环境问题在经济社会发展过程中日益凸现出来,也意味着国家对生态建设与环境保护的认识不断深化。

第二,环保立法层出不穷。改革开放以来,国家在环境保护方面的基本立法就有30多部,其中包括2014年新修订的《中华人民共和国环境保护法》(自2015年1月1日起施行)、《中华人民共和国水污染防治法》、《中华人民共和国循环经济促进法》、《中华人民共和国节约能源法》、《中华人民共和国可再生能源法》、《中华人民共和国固体废物污染环境防治法》、《中华人民共和国大气污染防治法》,等等。1996年以来,国家制定和修订了环境保护方面的 50 多项法律法规,至 2005 年底,颁布了 800 多项国家环保标准。2013 年中国国务院制定了《大气污染防治行动计划》,批准了《全国生态保护与建设规划(2013－2020 年)》。

第三,环保执法力度越来越强。以 2013 年的有关环保执法实践为例,环保部对脱硫监测数据弄虚作假的企业开出罚单,其中包括中石化、中石油这样的国企。环保部于 2013 年 2～3 月,组织华北 6 省市相关部门,排查涉水排污企业约 2.6 万家,对 88 家企业处以罚款,对 80 家企业立案调查。在 2013 年组织开展的整治违法排污企业、保障群众健康环保专项行动中,对存在环境违法案件没有查处、隐瞒案情、包庇纵容违法行为的将依法依纪严肃追究相关人员的责任,对群众反映强烈、社会影响恶劣的重大环境污染问题和环境违法案件将实行挂牌督办。最高法院、最高检察院出台的办理环境污染刑事案件司法解释于 2013 年 6 月开始正式施行,对于触犯多个罪名的环境污染犯罪行为,司法审判会"从一重罪处断"。这些措施凸显出党和政府死守生态红线,铁腕执法、铁面问责的决心。但是,我们还应该看到,有法不依,执法不严的状况依旧比较严峻,这在很大程度上与片面唯 GDP 增长的政绩观难分难解地纠缠在一起,科学发展观提出以来,这种片面的政绩观正在逐渐得到纠正,但是离经济社会发展所需要的标准还有很长的路要走。

第四,开展区域性环保联防联治。最典型的就是当前正在进行中的京津冀在大气污染控制和水资源短缺方面实行的联合措施。由于资源环境承载力超载、区域经济发展不均衡以及缺乏共建共治机制,京津冀地区区域性环境问题十分突出。当前,建立京津冀产业布局一体化协作机制、污染防治一体化协作机制、生态保护一体化协作机制、环境评价一体化协作机制的工作正在进行中。[①]

第五,在全社会展开强大的环保宣传教育。中国充分发挥社会主义全民动员的优越性,利用各级党团组织、政府组织以及媒体进行环保宣传教育;在全国的教育系统进行环保宣传教育,并组织学生开展广泛的环境保护

① 《以一体化破解京津冀环境问题》,《中国环境报》2014 年 6 月 17日。

实践。北京市从 2006 年开始实行机动车限行措施、从 2008 年 6 月 1 日起全国超市禁用一次性塑料袋,以及其他的各种节能减排措施。可以说,节约资源、保护环境已经成为中国全社会的共识。

各项措施有力地推进了环境保护和治理。以大气治理为例,中国加强了重点行业污染治理,推进了区域协作,加强了大气环境执法监管,每月组织开展大气污染防治专项检查,检查结果通报给地方政府并向社会公开;有关方面先后出台 19 项配套政策措施,发布 20 项相关污染物排放标准;加大了治理大气的资金投入,实施清洁空气研究计划和蓝天科技工程。这一系列措施缓解了大气污染的趋势,但仍然有待进一步加强落实。

2015 年 9 月 11 日中共中央政治局召开会议,审议通过了《生态文明体制改革总体方案》,这个方案是生态文明领域改革的顶层设计。所谓的顶层设计,就是要在战略思想的高度、在全党发展理念的高度来认识生态文明问题。方案指出,推进生态文明体制改革首先要树立和落实正确的理念,即尊重自然、顺应自然、保护自然的理念,发展和保护相统一的理念,绿水青山就是金山银山的理念,自然价值和自然资本的理念,空间均衡的理念,山水林田湖是一个生命共同体的理念。推进生态文明体制改革要坚持正确方向,坚持自然资源资产的公有性质,坚持城乡环境治理体系统一,坚持激励和约束并举,坚持主动作为和国际合作相结合,坚持鼓励试点先行和整体协调推进相结合。方案对于生态文明顶层设计理念的贯彻实施提出了具体的措施,强调构建产权清晰、多元参与、激励约束并重、系统完整的生态文明制度体系。具体来说就是,要建立归属清晰、权责明确、监管有效的自然资源资产产权制度;以空间规划为基础、以用途管制为主要手段的国土空间开发保护制度;以空间治理和空间结构优化为主要内容,全国统一、相互衔接、分级管理的空间规划体系;覆盖全面、科学规范、管理严格的资源总量管理和全面节约制度;反映市场供求和资源稀缺程度、体现自然价值和代际补偿的资源有偿使用和生态补偿制度;以改善环境质量为导向,监管统一、执法严明、多方参与的环境治理体系;更多运用经济杠杆进行环境治理和生态保护的市场体系;充分反映资源消耗、环境损害和生态效益的生态文明绩效评价考核和责任追究制度。方案的亮点在于,一是将生态环境成本计入经济行为中,在制度上迫使经济主体的行为符合生态原则;二是将生态环境状况作为官员政绩考核的指标之一,在一定程度上遏制了单纯追求 GDP 的短期政商勾结行为;三是对于生态环境问题有一个综合的、总体的、持续的规划和管理,纠正了"头痛医头、脚痛医脚"的片面做法,这与生态环境的总体特性是相吻合的。

结　语

　　生态环境问题远非单纯的人与自然之间的关系，在社会生产力发展到一定的阶段谈论生态问题，就必然会关涉整个社会体制。生态问题的根本解决有赖于社会体制的根本变革，生态问题与社会体制在宏观性、综合性、根本性方面是严格契合的，这就是马克思所说的自然主义与人道主义的等同。自然环境方面的投资所带来的"利润"由全民共享，那么在资本主义全球化的条件下，又有哪一个私有财产的所有者愿意在这方面付出代价呢？尽管有各种环境指标体系的约束和限制，但是这种约束在实践中的效能仍然难以衡量。当然，资本主义解决环境问题有着非常"有效"的方法，那就是"让穷国和穷人吃下污染"，如果按照这种思路走下去，人类与地球的命运可想而知。

　　由于中国实行社会主义制度，许多西方的有识之士都对中国的生态文明建设寄予厚望。《增长的极限》作者之一、罗马俱乐部的核心成员之一乔根·兰德斯在新著

《2052：未来四十年的中国与世界》中指出："相信（中国）中央政府看到问题，并且愿意采取措施，尝试从原则上解决。而解决环境问题，怎么建造绿色工厂、生产清洁能源汽车，这是技术上可以实现的。问题是，需要钱来做这些事。单纯的民主社会很难做到这一点，因为资本主义不愿为这些昂贵的环保投入埋单，它要将利润最大化，宁可扩大消费。而中国不会这样，相对集中的权力和行政体制，愿意将资本和人力投入到超越短期利益的根本工作中去。"有机马克思主义的倡导者认为中国传统的整体性思维和嵌入性思维有助于解决生态环境问题，美国人文科学院院士小约翰·柯布认为中国适合走有机农业之路，因为重蹈西方发达国家的"农业现代化"覆辙将会带来生物多样性减少等毁灭性的灾难。这些见解对于中国的生态文明建设都具有很好的启示作用。

中国是社会主义国家，中国共产党是以马克思主义为指导的、全心全意为人民服务的、代表着最广大人民群众根本利益的无产阶级政党，为了实现社会主义现代化，中国现阶段实行的是社会主义市场经济体制，以上这些是中国进行生态文明建设基本的制度保障和现实条件。

在这个前提下，就给中国的生态文明建设提出了更高的要求，这个要求就是中国的生态文明建设必须是社会主义性质的，它要求社会主义生态文明建设的成果必须惠及全体人民，尤其是当前的弱势阶层。我们知道，越贫穷的人越会遭受环境污染的恶果，这是发达资本主义国家历史发展的铁律。在很大程度上，发达资本主义国家正是凭借着污染产业、夕阳产业在国家间、地区间的转移和淘汰，才使得本国和本地区的生态环境得到了改良，可以说，生态改良的发达资本主义国家正是全球生态灾难的嗜血者。在发展中国家的环境污染以及全球气候变化、生态灾难面前，每一个人都无法逃脱自己的罪责。所以，可想而知，中国进行的生态文明建设要避免资本主义的这种自反逻辑将会面临着如何巨大的困难。以习近平总书记为核心的党中央领导集体以反腐败为切入口，高度关注生态环境问题，并取得了切实的成效，在新的历史时期起到了凝聚人心、汇聚民力的作用。尽管"路漫漫其修远兮"，但我国人民仍将在中国共产党的领导下不屈不挠、勇敢而坚强地挑战生态环境问题、腐败问题、利益集团问题等各种各样改革中出现的深层结构性问题，坚持将社会主义改革推向深入,坚持走中国特色的社会主义道路。

纵观中国共产党的发展历史,从来都是一个在逆境中不断取得发展和进步的无产阶级政党,从来都是一个没有惧怕过任何艰难险阻的代表人民利益的党。越是在艰难的时刻,中国共产党越能汇聚人心、团结共识、努力突破。以毛泽东为代表的第一代共产党人带领人民将积贫积弱的中国从三座大山的压迫下解放出来,建立了中华人民共和国这个举世瞩目的社会主义国家;以邓小平为代表的第二代领导集体带领人民向贫穷和落后挑战,走出了一条中国特色的社会主义改革之路,其经济社会发展的成果又一次令世人刮目相看;时至今日,经过几代领导集体的共同努力奋进,中国的经济社会发展取得了越来越好的成果,但是生态环境问题又成为当前中国经济社会发展中面临的事关全体人民福祉的重大问题,而其严峻性和困难性也是史无前例的。但无论如何,我们相信,中国人民在中国共产党的领导下,团结奋斗、众志成城,假以时日,中国也必将走出一条社会主义生态文明建设的坦途。

总之,生态环境问题是一个综合性、全局性的问题,它所涉及的不仅仅是人与自然之间的关系,它的解决有赖于人与人、人与社会之间关系的和谐程度。要从根本上建设生态文明,就必须坚持社会主义生产资料公有制原则,坚持社会主义民主集中制,建设社会主义新型文化,培育社会主义新型公民。总而言之,只有走社会主义之路,科学化解利润至上原则带来的种种弊端,才能建设真正的生态文明。

居安思危·世界社会主义小丛书
（已出书目）

编号	作者	书名	审稿人
1	李慎明	忧患百姓忧患党 ——毛泽东关于党不变质思想探寻	侯惠勤
2	陈之骅	俄国十月社会主义革命	王正泉
3	毛相麟	古巴：本土的可行的社会主义	徐世澄
4	徐世澄	当代拉丁美洲的社会主义思潮与实践	毛相麟
5	姜　辉 于海青	西方世界中的社会主义思潮	徐崇温
6	何秉孟 李　千	新自由主义评析	王立强
7	周新城	民主社会主义评析	陈之骅
8	梁　柱	历史虚无主义评析	张树华
9	汪亭友	"普世价值"评析	周新城
10	王正泉	戈尔巴乔夫与"人道的民主的社会主义"	陈之骅

编号	作者	书　名	审稿人
11	王伟光	马克思主义与社会主义的历史命运	侯惠勤
12	李慎明	居安思危：苏共亡党的历史教训	课题组
13	李　捷	毛泽东对新中国的历史贡献	陈之骅
14	靳辉明 李瑞琴	《共产党宣言》与世界社会主义	陈之骅
15	李崇富	毛泽东与马克思主义中国化	樊建新
16	罗文东	中国特色社会主义理论与实践	姜　辉
17	吴恩远	苏联历史几个争论焦点真相	张树华
18	张树华 单　超	俄罗斯的私有化	周新城
19	谷源洋	越南社会主义定向革新	张加祥
20	朱继东	查韦斯的"21世纪社会主义"	徐世澄
21	卫建林	全球化与共产党	姜　辉
22	徐崇温	怎样认识民主社会主义	陈之骅
23	王伟光	谈谈民主、国家、阶级和专政	姜　辉

编号	作者	书 名	审稿人
24	刘国光	中国经济体制改革的方向问题	樊建新
25	有林 等	抽象的人性论剖析	李崇富
26	侯惠勤	中国道路和中国模式	李崇富
27	周新城	社会主义在探索中不断前进	陈之骅
28	顾玉兰	列宁帝国主义论及其当代价值	姜 辉
29	刘淑春	俄罗斯联邦共产党二十年	陈之骅
30	柴尚金	老挝:在革新中腾飞	陈定辉
31	迟方旭	建国后毛泽东对中国法治建设的创造性贡献	樊建新
32	李艳艳	西方文明东进战略与中国应对	于 沛
33	王伟光	纵论意识形态问题	姜 辉
34	朱佳木	中国特色社会主义纵横谈	朱峻峰
35	姜 辉	21世纪世界社会主义的新特点	陈之骅
36	樊建新	我国社会主义初级阶段的基本经济制度	周新城

编号	作者	书　名	审稿人
37	周新城	当代中国马克思主义政治经济学的若干理论问题	樊建新
38	赵常庆	社会主义在哈萨克斯坦的兴衰	陈之骅
39	李东朗	中国共产党是抗日战争的中流砥柱	张海鹏
40	王正泉	苏联伟大卫国战争	陈之骅
41	于海青　童　晋	欧洲共产党与反法西斯抵抗运动 ——镌刻史册的伟大贡献	姜　辉
42	张　剑	社会主义与生态文明	李崇富

图书在版编目（CIP）数据

社会主义与生态文明 / 张剑著 . －－北京：社会科
学文献出版社，2016.10
（居安思危·世界社会主义小丛书）
ISBN 978 - 7 - 5097 - 8900 - 1

Ⅰ.①社… Ⅱ.①张… Ⅲ.①生态环境－环境保护－
研究－中国 Ⅳ.①X171.4

中国版本图书馆 CIP 数据核字（2016）第 057320 号

居安思危·世界社会主义小丛书
社会主义与生态文明

著　　者 / 张　剑

出 版 人 / 谢寿光
项目统筹 / 祝得彬
责任编辑 / 张苏琴　安　静

出　　版 / 社会科学文献出版社·马克思主义编辑部（010）59367004
地址：北京市北三环中路甲29号院华龙大厦　邮编：100029
网址：www.ssap.com.cn
发　　行 / 市场营销中心（010）59367081　59367018
印　　装 / 北京季蜂印刷有限公司

规　　格 / 开　本：787mm×1092mm　1/32
印　张：3.875　字　数：56 千字
版　　次 / 2016 年 10 月第 1 版　2016 年 10 月第 1 次印刷
书　　号 / ISBN 978 - 7 - 5097 - 8900 - 1
定　　价 / 10.00 元

本书如有印装质量问题，请与读者服务中心（010 - 59367028）联系